探索兵器时代

TANSUO BINGQI SHIDAI

策划/孟凡丽　主编/袁毅

Wuhan University Press
武汉大学出版社

　　1888年，达尔文曾给科学下过一个定义："科学就是整理事实，从中发现规律，做出结论。"科学带给青少年朋友的不仅仅是前人积累下来的各种知识，更重要的是它激发青少年朋友的探索欲望，并学着从纷繁复杂的表相中去探知事情的科学真相。

　　"中国青少年科学馆丛书"以最新奇的视角、最科学的体系介绍了贴近中国孩子学习生活的科普知识。这些来自生活和自然的探究性问题，使孩子们既感到有理解的能力，又感到有解决问题的信心，满足他们的好奇心和求知欲，激发他们探索的活力。

　　"中国青少年科学馆丛书"系列注重开发中国学生的主体潜能，让读者在探究式学习中认识科学，热爱科学，发展各种素质和个性，发挥学习的主体能动性，从而获得终身的持续发展。

　　让我们的青少年朋友从这里出发，从科普知识中不断认识自我、提高自我，不断提高学习能力和创新思维，培养好问、多思、质疑的良好学习习惯。

青少年科普阅读推广人　王文丽

审定序

ShenDingXu

　　每个青少年都是潜在的科学家，他们有着最强烈的好奇心，最浓厚的求知欲。"中国青少年科学馆丛书"以其全方位的内容体系、全新视角的解说、新颖有趣的互动、精美震撼的图片让青少年朋友挖掘自己的科学潜能。

　　在内容方面，"中国青少年科学馆丛书"选出兵器、历史、汽车、职业、探案、离奇事件、奇迹以及恐怖真相等8个中小学生最感兴趣的话题，为他们建构全方位的知识体系。

　　在视角方面，"中国青少年科学馆丛书"以全新敏锐的视角对各类知识进行解说，真正做到从读者的心理出发，以他们的角度去观察问题，解答问题，以便达到最佳的阅读效果。

　　在互动方面，学习知识的最好途径不是被动灌输，而是主动探索。"中国青少年科学馆丛书"设置了"快问快答""奇思妙想"等互动环节，让读者融入其中，主动去寻找解决问题的方法，培养他们的探索精神。

　　在图片方面，"中国青少年科学馆丛书"通过数千幅精美大图，在这个读图时代打造最真实的视觉震撼。图文并茂的编排方式更是让读者拥有身临其境般的直观感受，并能深化对文字的理解和掌握。

　　每个人的一生都是在不断探索的，探索精神的强弱直接影响知识的多寡。让我们承担起探索真理的天职，在这套书的陪伴下，开始我们探索天下的征程！

北京少年科学社研究员　刘瑾

目录
CONTENTS

1 经典武器展

2 最具杀伤力的武器

3 先进武器抢先看

远古时代人们用木棒石块做武器，后来有了剑、刀等兵器，到了现在，已经有了枪、坦克、战斗机等现代化武器，这些兵器的变化不仅仅表现在外形上，威力上更是让世人胆战心惊。

《探索兵器时代》讲述的就是近现代武器的故事。从轻机枪到AK—47，从重型轰炸机到航空导弹，从生化武器到侦察卫星，从军用无人机到军用机器人，它们各自有着怎样的本事？它们在兵器史上又有着怎样的地位？

现在就让我们翻开这本书，揭开这些武器的神秘面纱，去看看它们的真实面貌吧。

本书分为三章，分别是"经典武器展"、"最具杀伤力的武器"和"先进武器抢先看"，详细讲述了不同武器的故事：为什么说抗战胜利离不开毛瑟手枪？为什么说U—2高空侦察机是间谍幽灵？导弹之祖究竟是什么导弹？生化武器到底有多邪恶？原子弹的危害有多大？陆战之王是对哪一种坦克的尊称？头盔枪究竟是什么样子？声波和激光居然可以杀人于无形？黑客技术难道也算是先进武器吗？

在这本书中，每个疑惑都将得到完美的解答。等你看完这本书，你也会变成一个武器小专家。

1

经典
武器展

轻机枪——轻装上战场

在以前的战争中，最早的机枪都很笨重，不利于运动作战和进攻，而步枪又需要不断地换子弹，因此各国军队迫切希望能有一种紧随步兵实施行进间火力支援的轻便机枪。于是，轻机枪诞生了。

使用轻便

轻机枪是相对于重机枪、通用机枪而言较轻的一种机枪。轻机枪是以两脚架为依托抵肩射击的重量较轻的机枪，重量轻、机动性好。早期的轻机枪多数为两人一组，除枪手外，还有副射手兼弹药兵一名。轻机枪主要适用卧姿射击，可随部队行动。

连续射击

轻机枪能提供步枪无法做到的持续火力。它靠弹链或弹匣供弹，通常每分钟可发射150发，连续射击时可连射300发。

这相当于许多步枪的集中火力，能有效地杀伤800米以内的敌人集团目标和重要的单个目标。而且轻机枪由支脚架支撑，射击稳定性好。必要时，枪手还可以端着扫射，或者边行进边射击。

轻机枪家族史

第一款成功的轻机枪是丹麦的麦德森机枪，在18世纪90年代由丹麦炮兵上尉麦德森设计制造。到现在为止，各国已研制出几十种不同的轻机枪，我国也有属于自己的轻机枪，从最早的53式，到现在的95式，总共有6种轻机枪。其中95式更是成为我国机枪赶超世界先进水平的一个里程碑。

轻机枪与冲锋枪

轻机枪与冲锋枪是两种不同的武器哦。轻机枪用于步兵班的火力支援，冲锋枪则用于近距离的攻击或自卫；轻机枪使用步枪子弹，射程一般都在600米以上，冲锋枪使用手枪子弹，射击精准度相对于步枪和机枪来说比较差。

冲锋枪
——火力较猛的单兵近战武器

世界上第一支冲锋枪是意大利陆军上校B.A.列维里于1914年设计发明的维拉·佩罗萨冲锋枪。

枪械构造

冲锋枪结构较为简单，枪管较短，采用容弹量较大的弹匣供弹，战斗射速单发为40发/分，长点射时约100~120发/分。冲锋枪多设有小握把，枪托一般可伸缩和折叠。

工作原理

绝大多数冲锋枪采用自由枪机式工作原理，开膛待击式击发方式，以利于简化结构、枪管冷却和防止枪弹自燃。结构简单，造价低，便于大量生产。通常装有小握把，或由弹匣座兼作前握把，便于射击操作。

发展趋势

　　为了满足快速作战部队和特种兵对轻便灵巧、火力密集和威力适中的武器的要求，各国从20世纪60年代以来都在积极研制枪长为300～600毫米、枪的质量小于2千克的轻型或微型冲锋枪。有的枪采用了前后握把，以便双手握持射击，并有取消枪托或采用可卸式枪托的趋势。

中国冲锋枪

　　新中国成立初期，全军枪械系列除部分从前苏联进口外，还自行仿制。1950年，仿照前苏联PPS-41式7.62MM冲锋枪，生产出新中国第一种国产冲锋枪。后经毛泽东批准命名为1950年式7.62毫米冲锋枪，当年生产3.6万支装备部队。

榛名级驱逐舰
——射速最快的五寸自动舰炮

　　榛名级是日本建造的第一批此类直升机驱逐舰，于20世纪70年代服役，随即成为日本海上自卫队最重要的反潜水面舰艇。

辉煌战绩

　　由于舰体较大，能容纳指挥设施，因此两艘榛名级与两艘白根级就能分别担任日本海上自卫队四个护卫群的旗舰(榛名、比叡分别为第三、第四护卫群的旗舰)。日本建造的第一批两艘榛名级舰在服役生涯中曾历经舰队重整暨现代化改良计划，增加IPDMS海麻雀防空导弹、MK-15CIWS以及Link-11/14数据链等装备。

外形特点

　　榛名级的外形颇具特色，全舰仅有一个方块状的大型单一船楼结构位于舰体中段，舰尾广大的直升机甲板约占全舰长度的1/3。舰首纵列着两门美制MK－42五吋54倍径舰炮，最大射速可达40发/分，为美国射速最快的五寸自动舰炮。

内部设置

　　船楼结构底层内部设有ASROC的备用弹储放舱与再装填机，再装填时需将74式的尾部对准船楼并调整至特定仰角，以让备用弹被装填机推送进入74式，此种再装填设计与美制诺克斯级护卫舰类似。除了"阿斯洛克"之外，榛名级尚拥有两座三联装324毫米68式鱼雷发射器。

马克沁重机枪
——单、连发射击的战神

马克沁重机枪在中国称赛电枪，该枪为英籍美国人海勒姆·史蒂文斯·马克沁于1883年发明，并进行了原理性试验，1884年获得专利。

结构简介

马克沁机枪是世界上第一种真正成功的以火药燃气为能源的自动武器。其口径为11.43毫米，枪重27.2千克，采用枪管短后座(19毫米)式自动方式，水冷枪管；采用容弹量为333发6.4米长的帆布弹带供弹，弹带可以接续，理论射速600发/分，可以单、连发射击；也可以通过射速调节器调整为慢射速100发/分。

不一样的特点

这种机械的运动描述起来复杂而抽象，若是亲自看上一眼，人们会立即叹服于它的精巧与妙思。为了保证有足够子弹满足这种快速发射的需要，马克沁发明了帆布子弹带，带长6.4米，容量333发。弹带端还有锁

扣装置，可以连接更多子弹带，以便长时间地发射。

与中国的缘分

　　该枪还在试制阶段时，清政府即对这种威力巨大的新式武器表现出了浓厚的兴趣。早在1888年就由金陵制造局开始引进仿制，从此，中国开始进入重机枪的制造时期。

　　由于当时该枪尚处在雏形，使用黑药铅弹，经仿制后发觉不甚适用，于1893年停造，仅生产了30余挺，部分用于朝鲜战场。

毛瑟手枪——抗战名枪盒子炮

在我国的抗战电影中，你是不是经常听到战士们说起"驳壳枪"或"盒子炮"？它的正式名称是毛瑟军用手枪，我国的抗战胜利，它可是有着不小的功劳呢。

名字的由来

毛瑟手枪是由德国的毛瑟厂在1896年正式投产的。由于其枪套是一个木盒，因此在中国便管它叫盒子炮或驳壳枪。毛瑟手枪最先是由毛瑟工厂的菲德勒兄弟发明，所以毛瑟手枪也被称为菲德勒手枪。

完美的设计

毛瑟手枪的结构及原理的发明，使毛瑟手枪的功能比起当年的同类手枪更为完善。这个设计也在毛瑟兵工厂沿用了43年之久，在长达半个世纪的生产中，它的内部几乎没有什么改变，因此可以说原始设计几近完美，没什么可改进了。

与中国的缘分

　　毛瑟手枪真正被使用者所喜爱是在中国。在中国反帝反封建和反侵略斗争中，人民军队大量装备了这种驳壳枪。尤其是在包括抗日战争在内的敌后战场上，游击战是主要的作战形式，在重武器与自动火器严重不足和重视轻装机动的游击队中，毛瑟手枪便成了游击队员最得心应手的好伙伴。

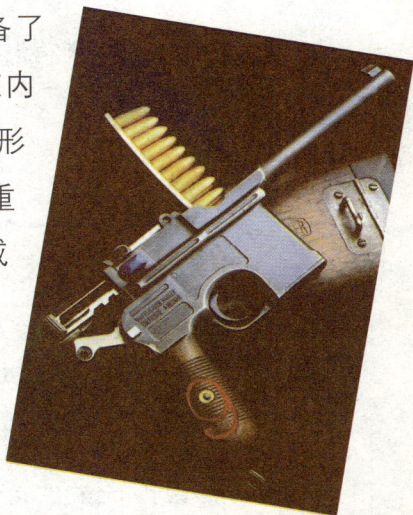

1896-2006

齐柏林飞艇——空中侦察员

1900年7月20日，由德国的斐迪南·冯·齐柏林伯爵设计并制造的一架飞艇曾在今天的腓特列港附近进行首次飞行，这就是齐柏林飞艇。

齐柏林飞艇的诞生

齐柏林飞艇是在康斯坦斯湖上漂浮的1个飞机棚里制造的，飞艇上有1个用金属丝缠着的铝壳，铝壳外面裹着装有16个氢气囊的棉布。两台16马力的发动机使飞艇速度达到每小时14英里，齐柏林飞艇曾担任大西洋两岸重要的商业飞行。美国内战期间，在联盟军队服役时，冯·齐柏林曾第一次乘气球升入空中，1891年以后他一直从事飞艇的研制工作。

声名显赫

在当时，巨型飞艇主要的用途涵盖了民用与军事两种领域。民用方面，德意志飞艇运输公司（Deutsche Luftschiffahrts-AG）可以被视为是现代商业航空界的开山祖师，在第一次世界大战爆发前曾非常活跃。大战爆发后，各国军事将领们注意到飞船高高在上的运用性，因此将其投入到战场上，担任空中轰炸或侦察气候的任务。

"一战"后的终结

第一次世界大战后德国败战，曾一度让齐柏林飞艇的营运陷入泥沼，但雨果·埃克纳（Hugo Eckener）继起已逝的齐柏林伯爵遗志，在1920年复兴了齐柏林飞艇，并且在1930年达到巅峰。在当时，包括LZ127"齐柏林伯爵号"（Graf Zeppelin）与LZ129"兴登堡号"（Hindenburg）等几艘脍炙人口的巨型飞船，在跨大西洋的欧美航线上都有丰富的获利。但不料，1937年时兴登堡号在美国新泽西州失火坠毁，也就是著名的"兴登堡空难"，在那之后包括齐柏林飞船在内的整个飞船运输产业急速没落，不久之后就被新兴的民航机给取代了。

无畏号战列舰
——开创巨舰大炮的新时代

1906年2月10日，当时世界上最大的战舰——英国皇家海军的无畏号战列舰下水，从此它的名字成为了"现代化战列舰"的统称。无畏号舰的问世，开创了海军史上巨舰大炮的新时代。

全重型炮

无畏号战列舰区别于以往战列舰的最显著特点，就是采用统一口径的10门305毫米的主炮。之前，流行的主炮布置方式是在舰体首尾各布置一座双联280毫米或305毫米主炮，后来证明在实际运用中很不成功，所以无畏号在这方面也进行了改进。

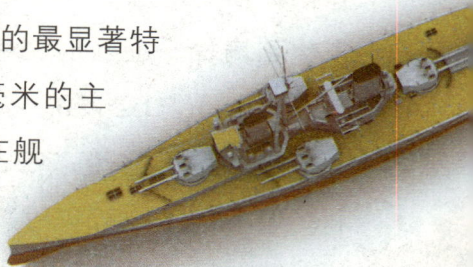

蒸汽轮机

无畏号的动力部分安装了18台三涨式蒸汽锅炉，4台帕森斯蒸汽轮机组。它的最高航速为

21节，尤其是在高速续航力上，蒸汽轮机可以保证无畏号能以20节以上航速持续行驶13个小时并且保持良好的可靠性，这在战斗中是非常重要的。

全面防御能力

　　无畏号的全面防御能力不下于任何战舰。装甲采用了表面硬化处理，使得强度和抗穿透性显著提高。炮塔、机舱、弹药库、司令塔等关键部位的装甲厚度达到280毫米，舰体舯部装甲带最厚处也是280毫米。无畏号还注重加强了水线处和水线以下对水中爆炸物的防御能力。

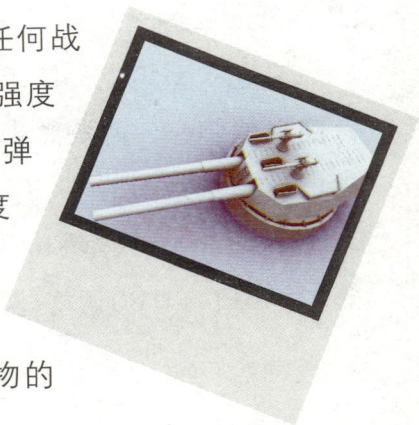

马克I型坦克——陆战之王

1915年8月，世界上第一辆坦克在英国诞生，1916年生产了马克 I 型坦克。

外形特征

马克 I 型坦克外廓呈菱形，刚性悬挂，车体两侧履带架上有突出的炮座，两条履带从顶上绕过车体，车后伸出一对转向轮。该坦克乘员8人，有"雄性"和"雌性"两种。"雄性"装有2门57毫米火炮和4挺机枪，"雌性"仅装5挺机枪。1916年9月15日，有60辆"马克" I 型坦克首次投入索姆河战役。

战争功绩

1916年8月，英国共生产出49辆马克Ⅰ型坦克，这还是在丘吉尔的支持下私自挪用海军专款建造的。1916年9月15日清晨，十几个黑色的钢铁怪物出现在战场上，怪物在泥泞的弹坑间如履平地般驶过，压倒了曾经阻挡过无数步兵的铁丝网，越过了堑壕，将德军的军事碾压得支离破碎。它们用机枪和火炮猛烈射击，打得德军尸横遍野。德军士兵在这突如其来的钢铁怪物面前，纷纷扔下枪支，四散奔逃。因此，坦克有了"陆战之王"的美誉。

发展前景

这种称为马克Ⅰ型的坦克靠履带行走，能驰骋疆场、越障跨壕、不怕枪弹、无所阻挡，很快就突破德军防线，从此开辟了陆军机械化的新时代。从那时起到现在，世界上已经制造了数十万辆坦克，成为各国陆军、海军陆战队和空降兵的主要作战武器。

"约克城"级航空母舰
——一体化的航空母舰

约克城级航空母舰是美国在1930年经济危机后，罗斯福新政实施期间，根据经济复兴法案拨款所设计建造的航空母舰等级。

完美的设计

约克城级充分吸收了之前美国海军改装、设计、建造航空母舰的经验，该级舰采用开放式机库，拥有3部升降机，飞行甲板前端装有弹射器，紧急情况下舰载机可以通过在机库中设置的弹射器从机库中直接弹射起飞（但后来取消了这项不实用的功能），突出舰载机的出击能力。飞行甲板前后装了两组拦阻索，飞机可以在飞行甲板的任一端降落。木制飞行甲板没有装甲防护，舰桥、桅杆和烟囱一体化的岛式上层建筑位于右舷。

精确无比的性能数据

排水量：标准排水量为19800吨、满载排水量为25500吨。

尺寸：舰长246.7米/232米（水线），宽25.4米（水线），吃水7.9米；飞行甲板长245米，宽33米。

动力装置：9座锅炉，4座蒸汽轮机，4轴，主机输出功率120000马力。

航速：33节。

续航力：7900海里/20节，12500海里/15节。

装甲：船体侧舷装甲带2.5-4英寸，隔舱装甲4英寸，指挥塔4英寸（最大）。

武备：8门127毫米口径高平两用炮，16门28毫米口径高射炮（4座四联装）。

舰载机：80~90架（18~36架战斗机、36架俯冲轰炸机、18架鱼雷轰炸机）。

约克城级系列同型舰

约克城级同型舰共有3艘，分别是："约克城"号（USS Yorktown CV-5）、"企业"号（USS Enterprise CV-6）和改进型"大黄蜂"号（USS Hornet CV-8）。

U型潜艇——主力先锋

U型潜艇是特指在第一次和第二次世界大战中，德国使用的潜艇。1906年，德国的日耳曼尼亚造船厂为德国海军建造的第一艘潜艇"U1"号成为大西洋上最令人恐惧的武器。

U型潜艇的前身

德国于1935年开始建造潜艇。ⅡA型成为纳粹德国第一种具有战斗力的潜艇，ⅡA型服役后主要训练优秀的船员和为以后建造潜艇提供可靠的数据。ⅡA型并不先进，水上排水量只有254吨，而且还是有问题型的潜艇，主要是动力装置和密封装置。

改进后的U型潜艇

海军决定改进成ⅡB型潜艇。ⅡB型增厚耐压仓的厚度，使下潜深度提高到120米。另外加长潜艇的长度，达到42.7米。ⅡB型共批准建造18艘，编号为U-7号至U-24号。ⅡB型最终共建造20艘。ⅡB型服役后，成为当时德国的主力潜艇。

B－17重型轰炸机——飞行的堡垒

在第二次世界大战的战场上，盟军对德国柏林的空袭粉碎了德军必胜的信念，为盟军胜利奠定了基础。而在这一场场空袭中，有一种轰炸机功不可没，它就是B－17重型轰炸机。它拥有13挺重机枪，是一个名副其实的"飞行堡垒"。

开创战略轰炸概念

战略轰炸的概念基本上是由B－17飞机开创的。在1940年"二战"的欧洲战场上，B－17承担了轰炸德国柏林的任务，并因此而闻名于世。实际上B－17的功劳不仅如此，可以说，它完成了欧洲战场上大部分的轰炸任务。

无人能敌

B－17轰炸机是美国波音公司设计并于1935年试飞的一种远程重型轰炸机，也是世界上第一种装备雷达瞄准具、能在高空精确投弹的大型轰炸机。这种前所未有的大型、全金属、四发、高空、远程战略轰炸机，可挂装5～8吨炸弹，另有13挺12.7毫米机枪，因此它也成为盟军空袭德国的主要机型之一。

"二战""美女"

　　"二战"最著名的B－17轰炸机就是"孟菲斯美女"号了，它执行过25次飞越德境轰炸的任务，在此期间换了9台发动机、两侧主翼、两个垂尾、两侧主轮及其他部件。这架历史性的飞机于1946年7月17日退役，现在由位于美国俄亥俄州代顿附近赖特·彼得森空军基地的美国空军博物馆细心看护着。

孤胆英雄

1943年6月16日，美军一位上尉驾驶员驾驶一架B－17孤胆闯敌阵，执行侦察和航拍任务。在遭到日军5架战斗机拦截后，B－17英勇还击，击落日军两架战斗机。这架B－17虽然伤痕累累，但却奇迹般地平安返航，B－17因此名声大振，驾驶员也荣获"孤胆英雄"的美称。

坚强的B－17

虽然B－17航程短，但它有较大的载弹量和飞行高度，并且坚固可靠，常常在受重创后仍能"晃晃悠悠"地飞回机场，因此挽救了不少机组成员的生命。

你是不是也很喜欢B－17重型轰炸机呢？看着前面的图片，在下面的空白处画上你喜欢的B－17吧，并且给它取一个独属于你的名字，就像"孟菲斯美女"号一样。

喷火式战斗机——英国的空中屏障

1940年，横扫西欧的纳粹德国对英国虎视眈眈。在这生死存亡的紧急关头，英国皇家空军的钢铁战鹰浴血奋战，护卫着英伦三岛。这群战鹰中的佼佼者就是喷火式战斗机。

成功的设计

喷火式飞机的设计成功之处在于采用了大功率的活塞式发动机和良好的气动外形设计。半纺锤形机头，有别于当时大多数飞机的平秃粗大机头，整流效果好，阻力小。发动机安装在支撑架后的防火承力壁上，背后便是半硬壳结构的中后部机身。机翼采用椭圆平面形状的悬臂式下单翼，气动特性好，升阻比大。同时它还是英国第一种成功采用全金属承力蒙皮的作战飞机。

优异的性能

喷火式战斗机的综合飞行性能，在"二战"时始终居于世界一流水平。与同期的德国主力机种Bf109E战斗机相比，除航程和装甲等略有不及外，在最大飞行速度、火力，尤其是机动性方面均略胜一筹。由于喷火式的翼载荷比较低，因此与常采

用"高速接近，一击就跑"战术的德国战斗机格斗时，可通过机动性好的优势夺取攻击主动权。

骄傲的战绩

1940年7月10日到10月30日，爆发了历史上有名的不列颠之战。这对英国来说，是一场与德军争夺制空

权的生死攸关的战役。英国的喷火式战斗机充当了空战的主角，成功挫败了德国空军的进犯，并直接导致希特勒"海狮计划"的破产。喷火式战斗机因此也获得了"英国的救星"这一美称。

喀秋莎火箭炮——可怕的"弹雨"

1941年，刚占领前苏联战略重镇奥尔沙的德军正在火车站运送物资。突然，一顿迅猛的密集炮火把德军和物资全部炸上了天。不到10秒钟，一切又陷入死寂。是什么火炮能够在这样短的时间内倾泻如此多的弹药？它就是本文的主角：喀秋莎火箭炮。

喀秋莎家族

"二战"期间，前苏联总共生产了2400门EM－8系列，6800门EM－13系列和1800门EM－30系列火箭炮，其中有3374门是装在卡车上的。随着科技发展，前苏联继续发展了

多种先进的火箭炮，仅20世纪五六十年代苏军就装备了EM－14、EM－21、EM－24、EMA－20等多种火箭炮，其中EM－21因性能先进而名扬天下。

"冰雹"弹

EM－21型火箭炮主要用来消灭敌方集结地域有生力量，压制或摧毁炮兵发射阵地，破坏多种野战工事和支撑点。在车体后部的大型旋转架上有40个发射管，可在18秒内发射40发子母弹，摧毁20千米远的各种目标。无数炮弹铺天盖地袭来，就像晴朗的夏天突然袭来的冰雹一般。

浪漫的名字

据说喀秋莎火箭炮的名字来源于发射筒上的英文标志 "k"。看见发射筒上的 "k"，炮手想起了一个名叫喀秋莎的姑娘，她淳朴、善良，是一位很有才华的女子。喀秋莎还是一首歌曲，这首歌在前苏联的卫国战争时期被广泛传唱。后来大家就把这种火箭炮命名为"喀秋莎"。

V－2导弹——导弹之祖

在"二战"中，纳粹德国发明了很多终极武器，但先进的武器也不能挽回失败的战局。不过，这些武器对后来的世界军事产生了重大影响，尤其是导弹的发明对世界航天史有着不可磨灭的贡献，其中就有V－2导弹。

V－2面世

1942年1月，德国对装填有新式火箭推进剂的A－4火箭进行试飞试验。它的速度接近每秒2千米，最大飞行高度可达96千米。为了保证命中精确度，火箭设计专家冯·布劳恩给它安上了"眼睛"——将弹体自动引导到预定目标上的自动控制设备。这种新式武器被称为"V－2"。

强大的威力

刚研制出来的V－2导弹的精准度不高，改进后的V－2前头被装上了比较先进的雷达定位装置。1944年9月8日到1945年3月27日，德国共发射了

3745枚V-2导弹，其中有1115枚击中英国本土。从袭击英国造成的人员伤亡看，V-2导弹的威力得到了充分展示。

弃暗投明

　　"二战"结束后，美国成功地说服德国V-2导弹的设计者冯·布劳恩等人前往美国，自此以后美国的火箭工业和太空研究工作就扶摇直上。1946年，美国海军实验室发射了一枚V-2火箭，用来观测来自太阳的紫外线，这也是V-2火箭第一次应用在太空研究，从此开启了太空科学的新篇章。

中国青少年科学馆丛书
ZHONGGUO QINGSHAONIAN KEXUEGUAN CONGSHU

"巴祖卡"火箭筒——最轻发射筒

"巴祖卡"系列火箭筒的发展过程也是一部典型的美国式传奇，它起源于两个年轻人的执着，并借助一个偶然的机会得以引起高层的重视，最终获得了巨大成功。

优美的整体布局

M1A1诞生于1943年7月，它改进了筒身和电池的结构，外观上最明显的变化就是取消了前握把和筒身上方的接线盒。为了更好地保护射手免受后喷燃气的伤害，M1A1还在筒口部安装了一个大型的喇叭状挡焰圈，而且为了保证使用安全和延长电池的寿命，在握把上增加了一个手动保险。

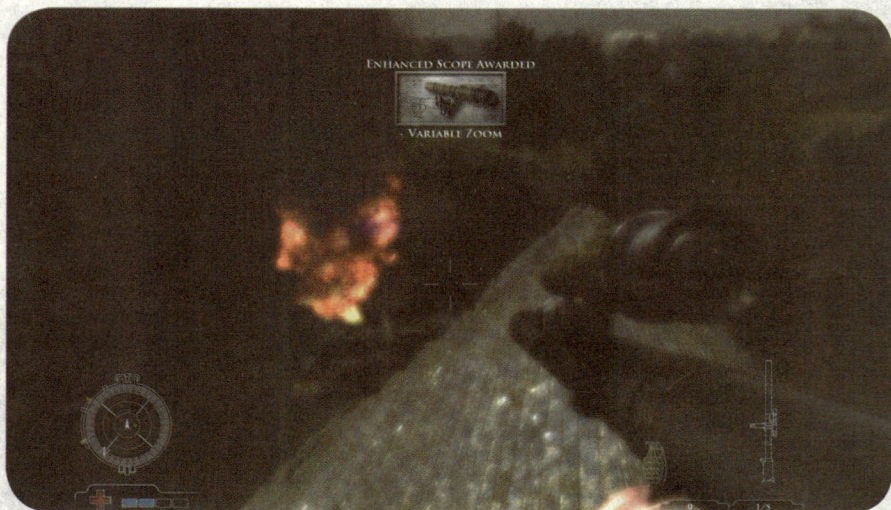

40

巧妙的结构设置

最早的M1于1942年7月定型，外形与后续型号差别较大，其主体是一根长1.38米的无缝钢管，左侧焊接有简易机械瞄具，下方有两个带有木制护片的握把和一个大型的木制肩托，在筒口部有一个不大的方形挡焰片，筒尾部有一个钢丝焊成的喇叭状支架，支架的作用并不是消除后喷尾焰，而是防止筒尾因磕碰变形而影响火箭弹的装填。在筒身中、后部设有金属加固环，以减小筒身变形的可能性。

使用的具体操作

"巴祖卡"系列火箭筒使用时需要两人(即射手与装填手)同时操作。由于火箭筒和弹药的保险机构不是很完善，所以一般是在临发射前才装填弹药。发射时，射手肩扛火箭筒对准目标，装填手从专门的弹药携行具中取出火箭弹，抽出保险销，然后将火箭弹装填进膛，接着从火箭弹尾部取出导线并连接好，射手完成瞄准后扣动扳机产生电流，点燃火箭弹发动机，产生高压火药燃气并将弹体推出发射筒。

M79式榴弹发射器
——丛林游击战的好手

　　M79榴弹发射器的开发是源自美军在1950年代后期的一个提高步兵火力及比枪榴弹更远的抛射爆炸力的武器计划，名为Project NIBLICK。

最初的演变

　　最初Project NIBLICK成功研制了40x46毫米榴弹，但无法开发出可多发发射的版本，春田兵工厂开发了一种单发肩射的版本，名为"S-3"，其后改进成"S-5"，一种外形类似霰弹枪的单发榴弹发射器，"S-5"被美国陆军命名为XM79，在改进瞄准标尺后，美国陆军把春田兵工厂的XM79在1960年12月15日定名为M79并正式装备使用。

作战特点

1961年，第一把M79送到了越南的美国陆军手上，它们被定位为中距离的支援武器，以填补手榴弹和迫击炮两者攻击距离之间的空隙（后者是50到300米），给予了小班制的士兵十分强大的攻击力。由于它的重量轻巧以及紧凑的长度，证明了它在丛林游击战中十分有效。

更新换代

M79可以使用多种40毫米弹药（这些弹药也可给M203榴弹发射器使用），除了非致命的烟雾弹和照明弹以外，大多分三种类型：M406（口径40毫米，装填高爆炸药的榴弹）从M79发射出来的枪口初速大约每秒75米，爆炸之后会产生300个以上的碎片，这些碎片速度高达每秒1524米，致命的范围是半径5米内。同时这种弹药内含旋转启动的保险机制，在弹药飞行15到25米后，备炸保险才会开启，防止近距离击中目标而使射手本身受到波及。

AK－47突击步枪——步枪界的王者

如果说美国畅销全球的形象产品是可口可乐，那么，AK－47突击步枪便是俄罗斯畅销全球的形象产品之一。AK－47算得上是全球局部战争中使用人数最多的武器。它究竟有什么魅力让这么多军人选择它呢？

名字的由来

AK－47是由苏联枪械设计师米哈伊尔·季莫费耶维奇·卡拉什尼科夫设计的自动步枪。"A"是俄语中自动步枪的第一个字母，"K"的意思是设计者卡拉什尼科夫，"47"指1947年定型的自动步枪。

稳中求胜

　　AK－47突击步枪的各个单项指标并不出类拔萃，但是综合性能很平衡，结构简单、结实耐用、故障极少、造价低廉、威力巨大。而且AK－47枪机动作可靠，即使在连续射击时或有灰尘等异物进入枪内时，它的机械结构仍能保证继续工作。它可以在沙漠、热带雨林、严寒地区等极度恶劣的环境下保持相当好的效能。

更新换代

AK－47突击步枪虽然是20世纪步枪行列中最耀眼的明星，但是缺点也不少，如连发射击时枪口上跳严重，影响精度；与小口径步枪相比，携带不便。于是，卡什拉尼科夫在1954年开始改进AK－47第三型，并最终定型为AKM。所以现在我们在电视、网络里看到的大部分是AKM而不是AK－47。

马上找一支AK－47

据说在越南战争中，美军的某个指挥官对自己的士兵训话时说："如果你手里的武器出了故障，那么你最重要的事就是马上找到一支AK－47。"由此也可以看出AK－47的结实耐用。

T-34中型坦克——胜利的保障

如果你是坦克车长，要开着一辆坦克去和敌人的坦克单挑，无敌的虎王是你最好的选择；如果你是营长，要带领一个装甲营去守住某个缺口，豹式坦克能胜任；如果你是一位元帅，要统率一支大军去赢得战争，那么请选T-34吧。

形象扫描

T-34坦克车体是焊接制成的，共分三部分，驾驶员和机电员位于车体前部，战斗舱在车体中部，车体后部装有发动机和传动装置。炮塔为铸造结构，位于车体中部上方。炮塔里有3名乘员，车长在左边，炮长在车长前下方，装填手在右边。炮塔顶部后边有两个带圆顶盖的通风口。

人人都能当坦克手

　　T－34坦克作为前苏联在"二战"中的主战坦克，除了数据上和实战中的优越性能外，还有一个关键点，就是操作简单。毫不夸张地说，一个从没有学习过坦克驾驶的农民可以在几天内学会怎样驾驶T－34。可以快速生产出来与可以快速地培训出坦克手，使得这种坦克深受各国喜爱。

明显的缺陷

　　当然，T－34坦克也不是完美的，它也存在明显缺陷，主要是没有全部配备车际无线电联络设备，坦克之间联络还需要依靠旗语，这就导致了协同作战能力减弱，编队行进作战时难以充分发挥坦克的优异性能，特别是遭遇突发情况时应变能力差。不过，这种情况在后来已有所改进。

看了这些经典又威猛的武器，你是不是已经心痒痒地想舞刀弄枪一番了呢？想必关于这些武器的一些基本知识你也已经烂熟于心了吧，那么就来考考你，看你能不能以最快的速度回答出下面的问题！

1. 早期的轻机枪多数为两人一组，除了枪手外，还有一个是什么人呢？

_____

2. 第一款成功设计的轻机枪是什么？

_____

3. 我们常说的"驳壳枪"、"盒子炮"，它的正式名称是什么？

_____

4. 无畏号战列舰采用的主炮是什么？

_____

5. "二战"中最著名的B-17轰炸机叫什么？

_____

6. 喷火式飞机在设计方面的成功之处是什么？

_____

7. 喀秋莎EM-21型火箭炮有多少个发射管？

_____

8. V-2导弹的主要设计者是谁？

_____

9. AK-47突击步枪是哪一年定型生产的？

_____

10. T-34坦克的战斗舱在车体的哪个部位？

_____

U－2高空侦察机——间谍幽灵

二战后，前苏联军事力量迅速发展，美国为了搜集前苏联的军事机密，决定设计一种航程远、巡航高度大、载重较多，能够携带大量侦察设备的飞机深入前苏联领空进行侦察。于是，U－2高空侦察机应运而生！

难以操纵的"野马"

U－2侦察机的飞行高度是25000米，是普通机的2倍以上。飞机外表为了避免反射阳光涂成黑色，并加大机翼使其具有滑翔机特征。不过，它在飞行时最大速度仅仅是时速692千米，而且它的着陆非常困难，被认为是最难操纵的军用机。从1955年至今，U－2飞行员的总数不超过850名。

被苏联击落事件

　　U－2侦察机从1956年6月开始对前苏联进行侦察。虽然屡次遭到前苏联的战斗机迎击，但是能对U－2产生威胁的战斗机并不存在，因为它们的飞行高度都不如U－2侦察机。不过，在1960年5月1日，苏联用S－75地对空导弹进行了迎击，一架在前苏联领空活动的U－2侦察机被击落。

轻装上阵

　　U－2侦察机的机体为了减轻重量，机身采用全金属薄蒙皮结构，机身十分细长，因为只有减轻重量，才能更加轻盈，飞得更高。为了适应高空飞行，飞行员必须穿宇航员专用的增压服呢。不过机身过轻过细也导致了U－2具有明显缺点，即一旦飞行高度较低，很容易被击毁。

M113装甲输送车——战场"出租车"

M113既没有像主战坦克那样以其厚重的装甲、凶猛的火力见长，又没有漂亮或奇特的外形来引人注目。然而却没有哪一种装甲车辆像它这样使用得如此广泛，产量如此之多，这一切只因为它是战争中不可或缺的"战场出租车"。

结构拆解

M113基型车的驾驶室设在车体左前部，发动机室在驾驶室右侧，车长的座位设在车体前部，上方是车长专用指挥塔，其上装有1挺12.7毫米机枪。车体后部的载员舱可以容纳11名全副武装的士兵。M113的车体后门可以向下打开，作为一个大跳板，使士兵可以迅速上下车。

始终在进步

M113自问世后，一直在不断进步。1959年，M113进行了首次改进，主要是用柴油机替换了原来的汽油机，并定名为M113A1；1979年，M113A2定型，M113A2安装了新型发

动机冷却系统，提高了车底距地高，并有了加长型；1984年，M113A3出现，主要改进处是安装了新的动力系统、驾驶系统、外部油箱等。

舒服安全的"出租车"

M113之所以被称为"战场出租车"，除了它的价格低廉、生产速度较快之外，还非常注意乘客的安全与舒适性呢。如M113A3使用了凯芙拉防崩落衬层，减少了车辆被击中后车内壁产生的碎片对乘员的伤害。燃油箱移到了车外，一方面增加了车内空间，另一方面避免油箱在车内燃烧、爆炸，危及乘员的安全。

BMP步兵战车——厉害的钢铁侠

从1966年到1996年，全球装备苏联生产的BMP步兵战车系列达30000余辆，居世界第一位。到底是什么原因让大家纷纷选择BMP步兵战车系列呢？现在就让我们来解开这个谜吧。

第一代步兵战车

BMP－1步兵战车是BMP步兵战车系列的基型车。该车于1966年装备苏军坦克师和摩托化步兵师。BMP－1步兵战车能在行进中浮渡江河，能迅速通过放射性污染地区，扩大核突击效果，满足了苏军大纵深作战理论的要求。BMP－1步兵战车的出现引起了各国的注意。

第二代步兵战车

BMP－2步兵战车外形与BMP－1相似，但是采用了大型的双人炮塔，将BMP－1步兵战车位于驾驶员后方的车长座椅挪到炮塔内右方，使其视野和指挥能力得以增强，驾驶员后方的座位用于步兵乘坐。

第三代步兵战车

　　BMP－3步兵战车是前苏联第三代履带式步兵战车，其性能较之BMP－2步兵战车又有了很大的提高。BMP－3在总体布置上的最大特点，是采用了动力传动装置后置的布置方案，因为这样才可以在炮塔部分安装100毫米火炮、30毫米机关炮和1挺7.62毫米并列机枪，此外，车体前部左右还各装了1挺机枪。

2

最具杀伤力
的武器

生化武器——最邪恶的武器

还记得在抗日战争期间，那个恶贯满盈的日本731部队吗？它们把鼠疫等细菌注入我们中国人的体内……它们是日本准备细菌战的特种部队，而用细菌做武器正属于生化武器的一种。

可怕的武器

生化武器是指以细菌、病毒、毒素等使人、动物、植物致病或死亡的物质材料制成的武器。它包括生物武器和化学武器。生化武器由于可以通过空气、水源和食物进行传播，所以是一种大规模杀伤性武器。一旦哪个国家或地区使用，将对人类构成重大威胁。

生物武器

生物武器是指用炮弹、火箭弹、导弹弹头、喷雾器等施放装置把能杀死人、牲畜和破坏农作物的致命微生物、毒素和其他生物活性物质施放出去的武器。生物武器具有极强的致病性和传染性、受染面积广、危害作用持久等危害。

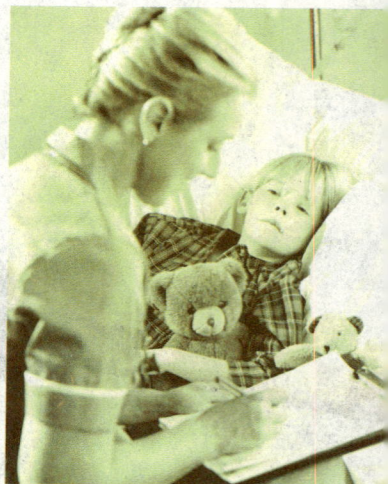

化学武器

　　化学武器是以毒剂杀伤有生力量的各种武器、器材的总称。通常，按化学毒剂的毒害作用把化学武器分为六类：神经性毒剂、糜烂性毒剂、全身中毒性毒剂、失能性毒剂、刺激性毒剂、窒息性毒剂。化学武器具有毒性作用强、中毒途径多、持续时间长、杀伤范围广等危害。

禁止使用生化武器

　　面对这种邪恶的战争武器，世界大部分国家都签署了在战争中禁止使用生化武器的公约。包括1975年3月26生效的《禁止细菌（生物）及毒素武器的发展、生产及储存以及销毁这类武器的公约》和1997年4月29日生效的《禁止化学武器公约》。

在历史上，有哪些战争中使用过生化武器呢，这些生化武器造成了怎样的危害呢？你来说说看。

生化武器难道真的毫无弱点吗？通过你的查证，你能说说它们具有哪些弱点吗？你能针对这些弱点想出有效的防范办法吗？

_____

_____

_____

_____

_____

武装直升机——战场上的多面手

在陆地作战中，坦克可以称为一霸。但是现在它有了克星——武装直升机。在近年来的一些局部战争中，武装直升机在反坦克作战中硕果累累。除此之外，武装直升机还有哪些厉害之处呢？

起源与分类

在直升机上加装武器开始于20世纪40年代，后来在60年代，美国决定研制专用武装直升机，第一种武装直升机是AH－IG。目前，武装直升机可分为专用型和多用型两大类。专用型机身窄长，作战能力较强；多用型除可用来执行攻击任务外，还可用于运输、机降等任务。

性能突出

为什么武装直升机会越来越受到重视呢？这是因为它具有独特的性能，在近年来的一些局部战争中发挥日益重要的作用。它的主要性能特点：一是飞行速度较快，反应迅速；二是不受地形限制，机动性好；三是能贴地飞行，隐蔽性好；四是机载武器的杀伤威力大。

身兼多职

在现代战争中，武装直升机主要执行以下一些任务：一是攻击坦克及装甲目标；二是支援登陆作战；三是掩护运输机和运输直升机进行机降；四是给予地面部队行动实施火力支援。武装直升机还可执行侦察、空中指挥电子战和其他作战任务，因而有人称之为"战场上的多面手"。

主力类型

在武装直升机这个家族中，比较突出的成员有美国的AH－64"阿帕奇"、RAH－66"科曼奇"、AH－1"眼镜蛇"，俄罗斯的米－28"浩劫"、卡－50、米－24"雌鹿"，还有欧洲的"虎"式、意大利的A－129"猫鼬"、法国的SA341"小羚羊"、南非的"石茶隼"等。

原子弹——摧毁一切的蘑菇云

1945年的8月6日和8月9日，日本的广岛和长崎上空分别升起了两朵巨大的蘑菇云，这是美国投下的两颗原子弹引发的爆炸。虽然此举加速了"二战"的结束，但也让数十万无辜平民成为亡灵。

原子弹的威力

原子弹是核武器的一种。核武器是指利用能自行进行核裂变或聚变反应释放的能量，产生爆炸，造成杀伤和破坏作用，以及大面积放射性污染，阻止对方军事行动以达到战略目的的大杀伤力武器。除了原子弹外，核武器还包括氢弹和中子弹。

核火种

到目前为止，能大量得到并可以用作原子弹装药的还只限于铀235、钚239和铀233三种裂变物质。其中钚239和铀233是依靠铀235裂变时放出的中子生成的。从这个意义上来说，完全可以把铀235称为"核火种"，因为没有铀235就没有反应堆，就没有原子弹。

核武器系统

　　1945年，在日本投放的两颗原子弹是以带降落伞的核航弹形式，用飞机作为运载工具的。现在随着武器技术的发展，已形成多种核武器系统，包括弹道核导弹、巡航核导弹、防空核导弹、反导弹核导弹、反潜核火箭、深水核炸弹、核航弹、核炮弹、核地雷等。

LITTLE BOY ATOMIC BOMB

萨姆系列防空导弹——高空飞机克星

1959年10月，国民党派出RB－57D高空侦察机潜入大陆领空进行军事侦察，被解放军战士轻松击落。当时的外交部长陈毅调侃说："我们是用竹竿把它捅下来的！"这根了不起的"竹竿"就是萨姆－2防空导弹。

萨姆家族

萨姆系列防空导弹由前苏联于1948年开始研制，用于拦截空中目标。最早的型号是萨姆－1防空导弹。在萨姆家族中，除了萨姆－1防空导弹外，还有萨姆－2、萨姆－3、萨姆－4、萨姆－5，等等，直到萨姆－24，可以称得上是一个庞大的家族了。

萨姆－2的战绩

萨姆－2防空导弹是第一代中、高空全天候防空导弹，主要对付远程高空轰炸机和侦察机。全世界有7架U－2高空侦察机被击落，全部是萨姆－2所为。越南战争期间，1972年12月18日，美军在越

南有30架B－52轰炸机被击落，其中29架是萨姆－2所为。但是就目前而言，萨姆－2的技术总体上已经落后。

萨姆家族大明星 ▶

萨姆－6防空导弹主要用于攻击中、低空亚音速和跨音速飞机，以及巡航导弹。在1999年的科索沃战场，3月24日，南联盟军队用萨姆－6摧毁了3枚战斧巡航导弹和2架战斗机。萨姆－6发射痕迹小，飞行速度快，飞行员刚接到雷达警告，还没来得及采取措施，飞机已经中弹解体了。

响尾蛇空空导弹——战机的利爪

一条响尾蛇圈定到了自己的猎物所在位置，兴奋地发出"嘶嘶"的声音，迅速向猎物窜去……我们这里说的可不是动物里的响尾蛇，而是安装在战机上的"利爪"——响尾蛇AIM－9空空导弹。

成熟的智能武器

响尾蛇AIM－9是美国研制的世界上第一种红外制导空对空导弹。红外装置可以引导导弹追踪热的目标，如同响尾蛇能感知附近动物的体温而准确捕获猎物一样。它是美国军械库中服役时间最长、最成功的智能武器，实现了电子技术和爆炸威力的高效结合。

超级响尾蛇

响尾蛇系列共有12型，AIM－9L 属系列中的第三代，被称为"超级响尾蛇"，1977年生产，弹长2.87米，直径127毫米，速度的2.5倍音速，最大射程18530米，可全方位攻击目标，体积小，重量轻，结构简单，成本低，而且"发射后不用管"。

跟着发热物体走

响尾蛇导弹导引头有一排传感器，当暴露在发热物体发出的红外线下时，会产生电信号，因此它只能根据"很热"和"不很热"的情况探测物体。另外，红外线导引头不需要外部光源，因此它在白天或黑夜都能很好地工作。

云爆弹——横扫千军如卷席

1975年4月，在越南战场，美军投下100多枚炸弹。大地被一团团白雾般气体笼罩，不一会儿，突然雷霆万钧、大地震颤，地面上树倒屋塌，惨叫连天，所有人或烧成焦炭，或窒息而亡……这一幕惨剧正是云爆弹带来的。

爆炸过程

云爆弹也称空气炸弹、燃料空气弹，它的主装药为云爆剂，当云爆弹被投放或发射到目标上空时，在特种引信的作用下引爆母弹，将弹体中的燃料均匀散布在空气中，形成浓雾般的覆盖。当达到一定浓度后，引信进行第二次引爆，整个雾团爆炸，在瞬间释放出大量热能，毁伤目标。

一物多用

　　云爆弹并不是只能充当屠杀的刽子手，它还能改变扫雷作业的方式，如美军的CATFAE扫雷系统，该扫雷系统由21发云爆弹、发射装置和火控装置组成。一次发射可在雷区开出一条长300米、宽20米的通道。而且理论研究也表明云爆气团应该还能拦截导弹。

爆炸威力

　　云爆弹产生的云雾爆轰对目标的破坏作用主要是靠爆轰产生的超压和温度场效应，以及高温、高压爆轰产物的冲刷作用。由于云雾爆轰会消耗周围的氧气，所以会形成一个缺氧区域，使生物窒息而死。如果是在一个密闭空间里，云爆弹的杀伤力更大。

反雷达导弹——专攻敌"眼"

在现代战争中，如果没有雷达，军人和武器就像一群瞎子。正是因为雷达如此重要，所以各方都想尽一切办法要摧毁敌方雷达。于是，一种专门用来对付雷达的武器——反雷达导弹出现了。

追着雷达跑

反雷达导弹，是一种利用敌方雷达辐射的电磁波进行引导并攻击雷达及其载体的导弹。在电子对抗中，它是对雷达硬杀伤最有效的武器。其攻击目标多是事先选定的，即使被攻击的雷达关机，导弹仍可借助记忆装置继续飞向目标，因而命中精度极高，称得上是雷达的"克星"。

反雷达导弹的类型

反雷达导弹有空对地、空对空、舰对舰等类型。空对地型主要用以攻击敌方地面防空警戒雷达、导弹制导雷达和炮瞄雷达等；空对空型主要攻击敌方机载雷达或干扰源；舰对舰型主要攻击敌方舰载雷达等辐射源。其中首先研制并装备军队的是空对地反雷达导弹，且装备数量也最多。

不可缺少的导弹

反雷达导弹的出现为夺取战场电磁优势、充分发挥武器装备的效能提供了有力保障。现代战争中，使用反雷达导弹摧毁敌方雷达，首先夺取制电磁权，进而夺取制空权和制海权，已成为一般程序。

未来的反雷达导弹

最早的反雷达导弹是美国军队1964年装备的"百舌鸟"AGM－45A。目前，反雷达导弹正向着增强抗干扰能力，提高导引头性能，增大射程、速度、威力和攻击多种电磁辐射源的方向发展。在未来电子对抗中，它将成为对付陆、海、空各种配有雷达的军事目标的主要武器之一。

海湾战争中的反雷达导弹

海湾战争中，多国部队发射了各种反雷达导弹约2000枚，以致伊拉克部队处于一种进退维谷的境地：雷达开机，即意味着"自杀"；不开机又无法指挥、控制和引导各种防空武器对付多国部队的空袭。

快·问·快·答

紧张刺激的"快问快答"又要开始了，你认为你有足够的把握赢过你同学吗？赶紧来试试吧！

➔ 1. 生化武器包括哪两种？

_____

➔ 2. 哪个国家专门设计了第一种武装直升机，它是什么型号？

_____

➔ 3. 武装直升机的主要性能特点有哪些？

_____

➔ 4. 除了原子弹外，核武器还包括什么？

_____

➔ 5. 全世界有几架U－2高空侦察机被萨姆－2防空导弹击落？

_____

➔ 6. 萨姆－6防空导弹主要用于攻击哪些目标？

_____

➔ 7. 被称为"超级响尾蛇"的是响尾蛇空空导弹系列中的第几代？

_____

➔ 8. 响尾蛇导弹只有在白天时才能进行攻击，对吗？

_____

➔ 9. 云爆弹的主装药是什么？

_____

➔ 10. 最早出现的反雷达导弹是什么？

_____

萨格尔反坦克导弹——坦克的克星

在第四次中东战争中，有一种武器引人瞩目，叙利亚军队在戈兰高地太阳山作战中用它击毁击伤以军坦克430多辆，相当于二战中阿拉曼坦克大战时战损坦克数的3.4倍。它就是——萨格尔反坦克导弹。

便于携带的萨格尔

萨格尔反坦克导弹有单兵携带并用于地面的便携式，还有安装在BPⅡM装甲侦察车和BMⅡ步兵战车的两种车载式。它的主要优点是体积较小，重量较轻，抗干扰性能好，利于携带和操作。尤其是单兵携带式，通常由三名士兵组成，便可携弹4枚。

控制萨格尔导弹

控制萨格尔导弹时，射手必须在操作地点目视跟踪射出的导弹，使导弹沿瞄准线飞行。在战斗条件下，多数射手只能在导弹飞行1000～3000米后，对导弹进行跟踪。萨格尔反坦克导弹在1000～3000米距离上使用效果好，距离近反而效果差。

不完美之处

　　萨格尔反坦克导弹也是有缺点的，它的主要缺点就是攻击盲区大，飞行速度慢。前两个型号（AT－3A/B）目视跟踪、手动控制，命中精度低，后一个型号（AT－3C）虽改用红外跟踪、半自动控制，进入第二代反坦克导弹之列，但射程、射速和威力均受到限制。

气象武器——呼风唤雨并非神话

　　还记得《三国演义》中诸葛亮借东风火烧曹营的故事吗？气象条件在诸葛亮手中成了战争利器。其实，气象与战争一直如影随形，如果能合理利用气象条件，气象将成为战斗力的"倍增器"。

人为控制天气

　　所谓"气象武器"不仅仅是指合理利用气象条件，还指运用现代科技手段，人为地制造地震、海啸、暴雨、山洪、雪崩、热高温、气雾等自然灾害，改造战场环境，以实现军事目的的一系列武器。

历史上的气象武器

在"二战"中，1943年，美军为了掩护军队过河，就曾在意大利的一条河边制造了一条浓雾带；越战期间，美军在越南作战区域上空施放降雨催化弹474万多枚，其制造的大量暴雨和洪水使越军补给线"胡志明小道"变得泥泞不堪，严重影响了越军的作战行动。

让气象听话的原理

其实气象武器的产生，是因为大气层中存在着巨大的能量和各种不稳定因素，如果掌握了这些不稳定因素的变化规律，在有利时机和条件下，通过人工催化等技术手段，用较少的能量对局部区域内大气中的物理过程施加影响，就会产生巨大的能量转换，使天气向着人们预期的方向发展。

隐蔽的气象武器

气象武器十分隐蔽，人工影响天气所造成的后果与自然天气变化浑然一体，难以分

辨。而且气象武器的使用与产生的效果在时间和空间上会有很大的差异，人们很难发现两者间的联系。但气象武器也有不足之处，如不能区别对待攻击对象，有时甚至连己方和友军部队的行动也会大受影响。

气象武器大家族

气象武器包括很多种类型：如温压炸弹，制寒武器，人工消云、消雾武器，人工控制雷电、化学雨、海啸风暴、巨浪等。目前，海啸风暴、巨浪等还没有真正应用到战争中，如果越来越多的气象武器加入战争中，将会产生不可估量的后果。

导弹艇——海上轻骑兵

在第三次中东战争中，埃及海军用苏制蚊子级导弹艇一举击沉了以色列2500吨级的埃拉特号驱逐舰，创造了小艇击沉大舰的奇迹。这让曾经嘲笑导弹艇是"穷国武器"的西方国家大吃一惊，并开始纷纷研制、发展导弹艇。

个头小威力大

导弹艇又称导弹快艇，是海军中的一种小型战斗舰艇，别看它艇小，战斗作用可不小。这是因为它装有导弹武器，使小艇具有巨大战斗威力，除了执行攻击任务以外，也可担负巡逻、警戒、反潜、布雷等其他任务。导弹艇在现代海战中发挥了重要作用，可以称得上是"海洋轻骑兵"。

优点多多

越来越多的国家开始研制导弹艇，也是发现了它优点多多：一是吨位小、隐蔽性好，可以隐蔽地对敌舰进行突然袭击；二是航速高、机动灵活，它的艇型特殊，能大大减少水的阻力；三是战斗威力大，导弹艇上的主要武器是导

弹，导弹武器攻击距离远、命中率高，战斗威力大。

成员排排坐

　　导弹艇是在鱼雷艇基础上发展起来的，它的艇型与鱼雷艇相仿，有滑行艇型、水翼艇型、气垫艇型等多种，近来还出现了双体型和隐形导弹艇，如我国海军的022型导弹艇就是一种双体型隐形导弹艇，高空上很难被发现，可以有效规避光学侦察。

导弹艇的种类多样，外观也各有不同。开动你的脑筋，来画一画你心目中的导弹艇吧。

飞鱼反舰导弹——战船杀手

自"二战"后问世以来，反舰导弹就在海战中表现不俗。只要装上了它，哪怕是小艇也能击沉大舰，它全方位地攻击让水面舰艇防不胜防。我们一起来看看其中的明星——飞鱼反舰导弹。

贴水而行

飞鱼反舰导弹是一款由法国研发制造的反舰导弹，拥有舰射、潜射、空射等多种不同的发射方式。除了潜射型版本外，飞鱼导弹完全可以以超音速在接近水面5米不到的高度飞行且不接触水面。

舰艇克星

飞鱼反舰导弹的主要目标是攻击大型的水面舰艇，其弹身长4.7米、翼展宽1.1米，670千克重，可以携带16千克的弹头，飞行距离达65千米。它在飞行时采用惯性导航，等到接近目标后才启动主动雷达搜寻装置，因此在接近目标前很难

被对方提前察觉。

声名大噪

　　最让飞鱼反舰导弹声名大噪的一次事件是在1982年的马岛战争中。5月4日，阿根廷的攻击机在距离英国舰队20千米远的地方发射了两枚空射型的AM39飞鱼，其中一枚直接射入谢菲尔德号驱逐舰的电子火控室，导致英军被迫放弃该舰。而谢菲尔德号在中弹前，完全没有侦测到来袭的飞鱼导弹。

阿库拉级核潜艇——深海幽灵

　　20世纪六七十年代，美国开始研制核潜艇，力图取得对苏联的水下优势。没想到，十几年后，前苏联研制出来的核潜艇的下潜深度却让美国目瞪口呆，这种核潜艇就是阿库拉级核潜艇。

潜水冠军

　　阿库拉级核潜艇采用了良好的水滴状外型，在艇体结构上为双壳体。里面一层为耐压壳体，用钛合金制造。钛合金的耐压壳能保证阿库拉级在深达650米左右的海底也安然无恙。这也难怪美国目瞪口呆了，因为即使在今天，

世界上绝大多数反潜武器的打击深度和核潜艇的下潜深度均不超过500米。

强大的武器装备

　　阿库拉级核潜艇能够携带多达几十种型号的武器，均由艇艏的8具液压式多用途发射管发射。它们能够发射各种常规鱼雷，还能发射反潜导弹、潜对地巡航导弹、重型常规鱼雷和先进的远程反潜导弹等武器。另外，它们还可以布放水雷，一次可携带多达60枚的各型水雷。其威力可想而知。

完美的设计

　　阿库拉级核潜艇从艇艏至艇艉共分有7个耐压舱：武器舱、指挥舱、前辅机舱、反应堆、后辅机舱、主电机舱和尾舱。通常一个舱进水，它照样能执行战斗任务，2～3个舱进水，潜艇还能在海上漂浮数小时，以供艇员逃生。

库兹涅佐夫号航空母舰
——海上巨无霸

库兹涅佐夫号航空母舰，作为前苏联—俄罗斯唯一一艘真正意义上的航空母舰，它为这个大国创造了曾经的海上辉煌。虽然它年事已高，但那进可攻、退可守的威风还是让不少海军武器为之却步。

别具一格的设计

库兹涅佐夫号是世界上第一艘无需弹射就能起飞固定翼飞机的航空母舰。舰上飞行甲板采用斜直两段式，斜甲板与舰体轴线成7°夹角。长105米的直甲板采用了60米长的斜坡，飞机采取滑橇起飞而不用弹射器，既避免了飞机特设技术上的复杂性，又减轻了载舰和飞机的负担，而且安全性好。

进可攻

库兹涅佐夫号的进攻能力丝毫不弱于一般巡洋舰。它除了使用舰载机发动攻击外，在前甲板中心线处还有两排12枚SS－N－19远程反舰导弹的垂直发射器，其射程接近600千米。其攻击优势在于攻击速度比舰载机快，而且若舰载机出动后，它又发现了新目标，有舰载导弹也不会坐失战机。

退可守

一般来说，航母的防御任务主要靠航母编队的驱护舰和航母上的舰载机来担负。可库兹涅佐夫号的自身防御火力却丝毫不弱，具有极强的防空、反潜能力。如防空武器方面，有24座SA－N－9近程防空导弹、8座弹炮合一防空系统和6座30毫米六管火炮，可以独立抗击大数量、多批次、多方向的饱和攻击。

AGM－130空地导弹——天降危机

在战争中，从空中打击地面目标能更为迅速、精准且造成较大杀伤力。于是，空地导弹应运而生，而AGM－130作为其中的佼佼者更是显得光芒四射。

炸弹的进化

AGM－130空地导弹是美国1984年研制的，具有远距离投放能力和强杀伤力。该弹是在GBU－15光电制导炸弹基础上加装火箭发动机和雷达高度表研制而成。它的速度接近10倍音速，而且这种导弹无论是在射程、弹道控制和命中精度上都比较高。

无处藏身

AGM－130空地导弹主要用来攻击敌方严密设防的坚固目标，如指挥中心、桥梁、机场、港口、高炮阵地和导弹发射场

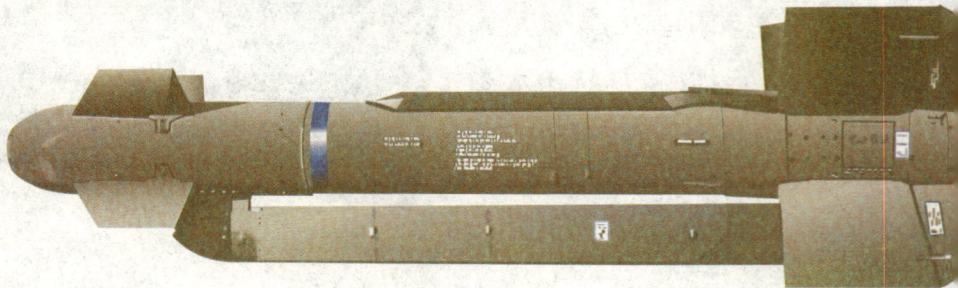

等。它的最大射程是64千米，最小射程24千米。为什么还规定最近距离呢？原来太近距离发射，火箭根本不必点火，也不便修正弹道，这对这种导弹来说无疑是一种浪费。

优秀的实战表现

在海湾战争期间，美军第一次在实战中试验AGM－130导弹的性能，先后用F－4战斗机和F－111F飞机共发射了9枚，命中率为89%。在1999年的巴尔干危机中，美军大量使用AGM－130空地导弹，其射程远达74千米，它的使用使塞尔维亚的绝大多数防空导弹失效。

M1A1主战坦克——陆战之王

对比各国主战坦克，美国的M1A1主战坦克绝对具备引以为傲的资本，坚甲利炮和不断升级的电子系统，使其一直保持着领先地位，成为同门中的佼佼者。

M1A1的历史

M1A1坦克由美国研制，属于第三代主战坦克。该车重57吨，司乘人员4人，最大速度可达每小时66.8千米，最大行程465千米。在海湾战争中M1A1坦克表现出的优良的防护能力和凶猛的火力，为其赢得了世界声誉。其改进型号为M1A2、M1A2 SEP。

有效的防护能力

　　M1A1坦克在车体正面采用了贫铀装甲，这种装甲的硬度是钢甲的5倍。车内乘员室、弹药室、燃油室之间用隔板防护，防止弹药或燃油爆炸燃烧时危及乘员。车上还装有自动灭火抑爆装置，能迅速扑灭火源。车上的超压式集体三防装置，在化学战条件下能迅速向车内输送经过过滤的清洁空气，乘员不用戴防毒面具就可以自如地工作。

强大的攻击力

　　M1A1坦克是美军投入海湾战争的地面部队主力，在代号为"沙漠军刀"的地面作战行动中，M1A1坦克在4天时间内，击毁了1500辆包括T-72在内的伊军主战坦克。威力强大的120毫米滑膛炮的炮弹命中T-72坦克时，能引爆其车内弹药，产生的强大冲击波甚至将许多T-72的炮塔掀掉。

车无"完车"

所谓"人无完人"，M1A1坦克也不是完美的。它的不足主要有：在松软的沙地上无法尽其所能，M1A1坦克重57吨，巨大的重量使它在松软的沙漠上远不能像在硬地上那样驰骋自如；缺少防尘装置，一起风暴，沙粒很容易堵住过滤器，致使驾驶舱内温度过高，严重影响乘员的有效操作。

AA12艾奇逊突击霰弹枪
——有能量的微型手榴弹

AA12艾奇逊突击霰弹枪特别适用于丛林战、山区战、城市战及保护机场、海港等重要基地和特殊设施。

武器优点

AA12艾奇逊自动霰弹枪特别适合特种部队、守备部队、巡逻部队、反恐部队等，由于霰弹枪的射程在100米左右，减少了因跳弹或贯穿前一目标后，伤及后面目标的概率。

武器威力

美国海军陆战队发现，高爆弹能穿透6.35毫米厚的冷轧钢板后再爆炸，破片杀伤弹的冲击波和破片的有效杀伤半径为2米，而破甲弹可穿透约102毫米厚的匀质铝装甲或12.7毫米厚的钢装甲板，威力就像个微型手榴弹，200米的有效射程不算远，但用于城市战斗已经足够。

应用实战

　　AA12艾奇逊突击霰弹枪专门用于突发战斗，由于霰弹枪具有在近距离上火力猛、反应迅速以及面杀伤的能力，故在夜战、遭遇战及伏击、反伏击等战斗中能大显身手。

67式木柄手榴弹

67式木柄手榴弹是60年代中期研制的，1967年完成设计定型。是在63式木柄手榴弹基础上改进而成的，主要是为解决63式木柄手榴弹存在的使用不安全、投掷时早炸和易受潮瞎火等严重问题而研制的。

光炮来福枪
——犯罪嫌疑犯的撒手锏

　　光炮来福枪，是一种激光步枪，它们通过激光束和微波从远处对敌实施打击，令其痛苦难忍，伤人于无形。美国司法部有意将这两款武器配备给警察，用以对付犯罪嫌疑犯。

从这里诞生了

　　这种激光武器最早是由美国空军在2005年研制的，主要作用是暂时让敌人失去活动能力。国防部的研究人员对其进行了改进，增加了第二套红外线激光器，使其同样能够对皮肤造成灼热感。

类别分析

　　这种便携式微波武器目前尚不成熟。据称，目前正开发出两种试用型，一种是台式，射程不足1米；一种是背包式，射程在15米左右。

实例应用

　　1995年联合国限制激光致盲武器的研究，美国不同意，于是研制仅导致暂时失明的激光。美国士兵以这种非致命性的步枪来驻守伊拉克检查站，阻止反抗被查的伊拉克人。

泰瑟电击枪
——泰瑟枪的电"镖箭"

电击枪最早是出现在20世纪初期的科幻小说中，也有人根据其原理称其为"电休克枪"。泰瑟枪没有子弹，它是靠发射带电"飞镖"来制服目标的。

结构性能

它的外形与普通手枪十分相似，里面有一个充满氮气的气压弹夹。扣动扳机后，弹夹中的高压氮气迅速释放，将枪膛中的两个电极发射出来。两个电极就像两个小"飞镖"，它们前面有倒钩，后面连着细绝缘铜线，命中目标后，倒钩可以钩住犯罪嫌疑人的衣服，枪膛中的电池则通过绝缘铜线释放出高压，令罪犯浑身肌肉痉挛，缩成一团。

武器优点

泰瑟枪让被攻击目标因"电休克"导致其神经系统暂时受损而失去作战能力，因此不会使对手死亡和造成永久性的身体创伤。

主要作用

泰瑟枪不会杀死被击中的对象，从而使警方不至于犯下误杀暴乱中的人。泰瑟枪的电"镖箭"的电压虽然很大，但电流很小，只有160毫安。

主动拒止系统
——高温下的死亡杀手

主动拒止系统，是一项新型远程非致命武器系统。该武器系统可通过发射高能电磁束来攻击和抵御人员目标，并在其皮肤表面产生难以忍受的灼热感，以最终在反恐战争中减少人员伤亡。

武器特性

主动拒止系统可产生毫米波能量束，照射到皮肤后可引发难以忍受的灼热效应，用于阻止人员前行，但不会造成伤害或长时间的副作用，有望替代那些可能造成死亡和伤残的武器。

武器原理

主动拒止技术通过一台发射机对实验对象反射95ghz毫米波的窄波束。该波束以光速传播，其能量抵达实验对象并穿入皮肤不到1/64英寸深，其表面很快发热。数秒钟内实验对象感到一股高热，当反射机关闭或实验对象离开波束时高热感觉即消失。

实例应用

车载主动拒止系统打算用来保护军事人员免于遭到1000米有效射程的轻武器火力，但据称其有效作用距离仅为640米。对抗车载主动拒止系统的措施很简单，如穿上厚衣服、携带金属片甚至是可盖的废料作为屏蔽或反射器。安装在"悍马"车上的主动拒止系统可产生的功率约为100千瓦，其有效作用距离远远超过了轻武器的火力射程。

XM2010增强狙击步枪
——最强火力狙击手

XM2010增强型狙击步枪，前身为M24重型装配型狙击手武器系统，是一款由美国陆军PEO士兵办公室研制的手动狙击步枪，发射.300温彻斯特马格南（.300 Win Mag，7.62×67毫米）子弹。

枪支特点

XM2010增强型狙击步枪系统的主要配置改变就是将发射的子弹由原来的7.62×51毫米 NATO改为更强大的.300温彻斯特马格南弹药，以达到更强大的火力和延长大约50%的有效射程。M24狙击手武器系统的设计使得它能够更改膛室以容纳更大尺寸的子弹，这是因为M24的设计就是雷明登700的使用马格南长度军用型长枪机版本。

设计革新

膛室扩大，使得XM2010增强型狙击步枪系统可以容纳.300温彻斯特马格南子弹，将枪管改为长度610毫米（24.02英寸），254毫米（1：10英寸）标准膛线缠距（使用奥伯米尔5R比赛级膛线），锤锻制造的自由浮动式枪管。

使用弹药

这种比赛型.300温彻斯特马格南步枪子弹原本是为产品改进计划而研制的，采用塞拉利昂公司生产的重14.26克的比赛之王空尖尾锥型极低阻力弹头，在610毫米枪管发射时枪口初速为869米/秒（误差：±15.2米/秒，±49.87英尺/秒）。

快·问·快·答

　　这是一场记忆力与反应力的大比拼，你有把握成为今天的NO.1吗？废话不多说，赶紧开始我们的"快问快答"环节吧！

1. 在第四次中东战争的戈兰高地太阳山作战中，叙利亚军队用萨格尔反坦克导弹击毁击伤了以军多少辆坦克？

_____

2. 为什么说气象武器具有隐蔽性？

_____

3. 飞鱼反舰导弹的主要攻击目标是什么？

_____

4. 阿库拉级核潜艇能够下潜到海底多少米？

_____

5. 库兹涅佐夫号航空母舰上装了多少座SA – N – 9近程防空导弹？

_____

6. AGM – 130空地导弹是美国哪年研制的？

_____

7. AGM – 130空地导弹的最大和最小射程分别是多少？

_____

8. M1A1坦克在车体正面采用了贫铀装甲，这种装甲的硬度是钢甲的多少倍？

_____

3

先进武器
抢先看

导弹驱逐舰——海上多面手

导弹+驱逐舰=导弹驱逐舰。没错，导弹驱逐舰其实就是指以导弹为主要舰载武器的驱逐舰，不要小看这1+1的组合，它们的组合可是大大提高了海军的作战能力呢！

越来越大的个头

20世纪60年代以来，随着飞机与潜艇的性能提升，以及导弹逐渐被应用，所以对空导弹、反潜导弹逐步被安装到驱逐舰上。70年代，作战信息控制以及指挥自动化系统，灵活配置的导弹垂直发射装置等出现在驱逐舰上，驱逐舰向大型化发展，已经接近第二次世界大战中的轻巡洋舰。

能者多劳

导弹驱逐舰装备有防空、反潜、对海等多种武器，既能在海军舰艇编队担任进攻性的突击任务，又能担任作战编队的防空、反潜护卫任务，还可在登陆、抗登陆作战中担任支援兵力，以及担任巡逻、警戒、侦察、海上封锁和海上救援等任务。

世界排名TOP 3

　　第一位：美国的伯克级导弹驱逐舰，舰上先进的武器装备使其具有无与伦比的综合防空、反潜、反舰能力。第二位：日本的金刚级导弹驱逐舰，该级舰的综合作战性能与伯克级的基本型相差无几。第三位：法国、意大利联合研制的地平线级导弹驱逐舰，该系统吸收了欧洲军事科学技术的精华。

侦察卫星——太空中的超级间谍

如果你知道，你在家里穿衣服、吃饭的样子很有可能被远在大洋彼岸的人知道，是不是觉得很担心呢？现在，越来越多的国家开始发射侦察卫星到太空中，通过它们来监视别国的军事上的一举一动呢。

侦察原理

侦察卫星又称间谍卫星，是用于获取军事情报的军用卫星。侦察卫星利用侦察设备，从太空中对目标实施侦察、监视或跟踪，然后将获取的信息发送到地面接收站，最后地面经过光学、电子设备和计算机加工处理，从中提取有价值的军事情报。

备受青睐

侦察卫星具有侦察面积大、范围广、速度快、效果好，可以定期或连续监视，不受国界和地理条件限制等优点。美国和前苏联－俄罗斯等国发射了大量的侦察卫星。侦察卫星按任务和设备的不同分为照相侦察

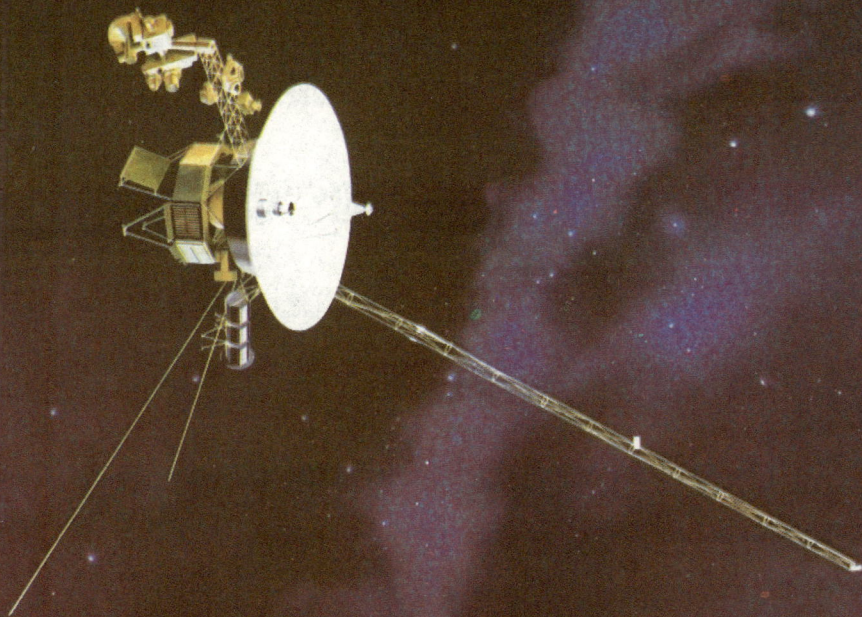

卫星、电子侦察卫星、海洋监视卫星、预警卫星和核爆炸探测卫星等。

情报搜集专家

　　侦察卫星搜集的情报种类可以包含军事与非军事的设施与活动，自然资源分布、运输与使用，或者是气象、海洋、水文等资料的获取。由于现在的领空尚未包含地球周遭的轨道空域，利用卫星搜集情报避免了侵犯领空的纠纷；而且因为运行轨道较高，不易受到攻击。

鹞式攻击机——灵活的空中杀手

鹞，一种鹰科鸟类，低飞于草甸和沼泽上进行觅食。有一种战斗机，就像这种鸟类一样，也善于低空飞行打击目标，它便是英国研制的鹞式攻击机。

鹞式家族

鹞式攻击机可分为三个系列：第一个系列是对地攻击型，包括鹞GR MK1、GR MK1A和GR MK3；第二个系列是双座教练型，包括鹞T MK2、T MK2A、T MK4、T MK4A和T MK8N等型号；第三个系列是海军型和出口型，包括鹞MK50、GR MK5、MK52、MK54、MK55、MK60以及海鹞FRS MK1和FRS MK2等。

独特的发动机

　　鹞式攻击机之所以能垂直起降，关键是其设计独特、性能优秀的飞马发动机。当飞机垂直起飞时，飞马发动机前后四个喷管转到垂直向下的位置，在喷气反作用力的作用下产生向上的推力，使飞机垂直上升；短距离起飞时，喷管水平向后产生向前的推力，使飞机滑行加速，然后喷管迅速向下旋转60度，使飞机脱离地面起飞。此外，四个喷管还可以从向下的垂直位置再向前偏转8°，这时如果是在地面着陆滑行就可以产生反推力刹车，而如果是在空中飞行就可以使飞机倒退飞行了。

血统的延续

美国海军陆战队深感鹞式攻击机的优秀，便购买了一批鹞MK50，重新编号为AV－8A。后来，在此基础上，美英联合研制出了AV－8B。这种型号安装了前视红外探测系统、夜视镜等夜间攻击设备，夜战能力很强。而且它的起飞滑距距离缩短，是目前世界上最先进的垂直－短距起降攻击机。

攻击机与战斗机

攻击机主要是对地攻击，或对大型目标进行精确或大范围攻击和轰炸，不擅长截击和空中搏斗，而战斗机则恰恰相反，主要担任截击和空中搏斗，但对地和对大型目标进行精确或大范围攻击和轰炸的能力较小。

巡航导弹——战争中的开路先锋

在现代战争中，不管战机或军舰技术多么先进，奔赴战场最前沿直接打击敌方的仍是这些由飞机或军舰发射的巡航导弹。可以说，巡航导弹就是古代士兵的刀与矛，直接在敌人身上砍杀。

攻击线路

从陆地、水面或水下发射的巡航导弹，由助推器推动导弹起飞，随后助推器脱落，主发动机启动，以巡航速度进行水平飞行；当接近目标区域时，由制导系统导引导弹，俯冲攻击目标。从空中发射的巡航导弹，投放后下滑一定时间，发动机启动，开始自控飞行，然后攻击目标。

长江后浪推前浪

20世纪50年代，德、美、苏都研制出了第一代巡航导弹，但是它们大多比较笨重、速度慢、命中精度低、易被对方发现和拦截。但是现代巡航导弹就大不一样了：体积小，重量轻、命中精度高；可在低空机动飞行，对方不易发现和拦截；能在地面、空中、水面、水下发射。

洲际巡航导弹

所谓洲际巡航导弹，是指射程在几千千米以上的导弹。拥有这种导弹的国家，不必远涉重洋就能直接对敌国实施攻击。不过由于各国所在地理位置和军事目标不同，所以射程也是各不相同的，有的定在5000千米以上，有的则定在6000千米以上。

如果你是一名武器设计师，你觉得未来武器会是什么样子呢？把你想象中的武器画出来吧，并说说你设计的这个未来武器有什么独特之处。

我的武器不一样：_____

_____

_____

激光制导炸弹——长 "眼睛" 的炸弹

用激光来制导炸弹就像给各种炸弹安上了 "眼睛" 和 "大脑"。这样的炸弹好像放出猎狗追兔子一样，紧紧盯住目标，穷追不放，直到将目标摧毁。是不是很厉害呢?

有的放矢

激光制导炸弹是一种机载精确制导武器。载机借助于 "激光目标指示器"，把激光束投射到目标上，激光束在目标表面产生漫反射，总会有一部分激光反射到激光制导炸弹上，被炸弹的 "寻的器" 所接收，然后载机通过控制系统进行换算和调整炸弹航向，直至精确命中目标。

物美价廉

激光制导炸弹与其他精确制导弹药相比，最明显的优势就是廉价。比如，要摧毁一个钢筋混凝土永备工事需要几百甚至上千枚炸弹，但是如果使用激光制导炸弹，只需要一枚便可完成任务。而且，激光制导炸弹还能减少飞机出动的架次，这无形中

又减少了被击落的可能。如此算下来，是不是很划算呢？

激光制导炸弹的克星

激光制导炸弹在普通气象条件下捕获目标的成功率高，但是遇有雨、雾、灰尘、水时命中精度就会降低。利用这一弱点，可用释放烟幕、水幕、烟尘的方法对付敌方激光制导炸弹。越南战争期间，越南就是采用这种方法使美军的激光制导炸弹的命中率大大降低。

头盔枪——士兵的好助手

在战争中，死亡最多的是处于一线作战的士兵。因为士兵在射击时，必须将上身的一部分露出地面，这样无疑把自己也变成了"靶子"。于是，一种既隐蔽而又便于射击的步兵武器出现了，它就是——头盔枪。

特别的内部设计

从外表看，头盔枪与普通头盔并没有多大差别，但其内部却与普通头盔大相径庭，它的内部结构相当复杂和巧妙。头盔枪的最上方容纳了子弹的枪膛，其前端是射出子弹的枪管，后端则是排泄火药气体的喷口。

攻敌之矛

头盔的前额处装着光学瞄准镜，它的瞄准线和枪膛轴线平行。当发现目标时，通过瞄准镜和装在射手眼睛前面的反射镜，将目标准确地反射到人的视线内，这时射手可根据需要来操纵发射装置，向目标进行点射或连射，基本可以达到眼到枪响，百发百中的程度。

防守之盾

　　当敌人突然使用化学武器、核武器或细菌武器时，头盔枪上的通气孔便自动关闭，同时背囊中的输氧装置便通过管道自动输送氧气。高强度的盔壳中有一层装有重水的特殊防护层，可以使人的头部免受冲击波和核辐射的伤害。同时，射手前额处的瞄准镜也自动关闭，以保护射手的眼睛。

神奇头盔枪的来历

　　一位名叫贝尔克的德国兵器设计师在翻阅和整理"二战"的照片时，发现一名士兵将枪插在阵亡同伴的头盔空隙中向外射击，宛若从小碉堡中向外发射子弹。这让他茅塞顿开，于是便有了头盔枪的设计，也创造了世界兵器史上的一大奇迹。

尼米兹级核动力航空母舰
——庞大的战争武器

一个国家要对远距离的国家进行军事打击怎么办？当然离不开航空母舰。当今世界，航空母舰中的佼佼者，当属美国的尼米兹级核动力航空母舰了。

声势浩大

尼米兹级航空母舰上的7种不同用途的舰载飞机可以对敌方飞机、船只、潜艇和陆地目标发动攻击；可以支援陆地作战、保护海上舰队；可以在航空母舰周围方圆几百海里的海面实施海上封锁。由它领衔组成的战斗群通常包括4～6艘导弹巡洋舰、驱逐舰、潜艇和补给舰只。

海上城市

尼米兹级航空母舰是当今世界上最大的航空母舰，我们就以其中的斯坦尼斯号来看看它们到底有多大吧。斯坦尼斯号面积超过了3个足球场，整个舰从龙骨到桅顶高为76米，相当于20层的高楼。舰上还设有邮局、电台、电影院、百货商店、医院等各种日常生活设施，斯坦尼斯号简直就是一个"海上城市"。

先进的动力系统

尼米兹级航空母舰是美国第二代核动力航空母舰。舰上的两台核反应堆的堆芯寿命为13～15年，更换一次燃料可航行80万～100万海里。这样航空母舰可在海上停留数月不需动力补给。1979年，尼米兹号航母在2艘核动力巡洋舰的护卫下，就创造了海上连续活动110天的纪录。

钢枪不入

尼米兹级航空母舰结构密封，具有极高的生存能力。它具有较强的水下防护能力，舰体两舷水下部分各设有5道能承受 300 千克普通炸弹爆炸的防雷隔舱。不过就算有小部分舱室进水，航母也不会沉没。此外，飞行甲板上的各升降机开口都设有可防止核辐射、生物和化学污染泄入的密封门。

家族庞大

尼米兹级航空母舰自1968年至2001年共建造了9艘，分别是尼米兹号、艾森豪威尔号、卡尔·文森号、罗斯福号、林肯号、华盛顿号、斯坦尼斯号、杜鲁门号和里根号。你发现这些名字与美国总统名字间的联系了吗？

F－117A隐形攻击机
——长相奇特的空中战鹰

　　快看，高空中那飞速掠过的是什么东西，难道是神秘的三角形UFO飞行器光临地球？哈哈，猜错了，那不是UFO，而是长相奇特的F－117A隐形攻击机。

奇特的长相

　　F－117A最大的特点就是它奇特的外形了，就像一架来自外太空的飞行器。整架飞机几乎全由直线构成，没有任何明显的突出物，连机翼和V型尾翼也都采用了没有曲线的菱形翼型，这在战斗机的设计中是前所未有的。此外，座舱框架、起落架舱门等边缘都做成了锯齿形。

通用性强的机载设备

　　F－117A的机载设备具有很强的通用性，很多都是其他飞机现成或稍加改进就可以用的东西。这样做既可降低成本、减少风险、加快研制进度，同时也易于使用维护。据美国空军官员说，F－117的维修费用与其他战机差不多。

实战经验

　　在1991年的"沙漠风暴"行动期间，F－117A战斗机出击近1300次，袭击了伊拉克1600个有价值的目标，可是它却无一受损。1992年后，F－117A多次飞往远东地区执行任务，F－117A从霍洛曼空军基地直飞科威特，用时大约18.5个小时——这至今仍是单座战斗机的最高纪录。

有得必有失

不可否认，F－117A有许多缺点，这主要是在设计时强调它的隐身性能而造成的，如速度慢、机动能力差、气动性能不佳、发动机推力小且无加力等。不过，作为世界上第一种隐身攻击机，它在世界航空史上具有里程碑式的重要意义。

不可饶恕的罪行

1999年5月7日，我国驻南斯拉夫大使馆被北约轰炸，导致邵云环、许杏虎、朱颖三位新闻工作者身亡。而造成这一切的罪魁祸首正是F－117A隐形攻击机。

军用无人机——未来的空中利器

在空中作战时，一旦战机被击落，那飞行员的死亡概率比地面作战要大得多。如果战争无法避免，怎么样才能减少伤亡呢？那就让军用无人机大显身手吧！

未来战场的新宠

无人机只是飞机上不载人，并不代表它不受人的控制，它是利用无线电遥控设备和自备的程序控制装置进行操纵。它凭借无与伦比的准确性、良好的隐身性，以及机动灵活性，填补了传统有人驾机的不足，成为未来战场锋芒毕露的新宠。

种类繁多的无人机

各个国家都在加快军用无人机的研制，它因军事用途不同分为不同类型。如侦察无人机，可进行战略、战役和战术侦察，监视战场，为部队的作战行动提供情报；攻击无人机，可携带小型和大威力的武器，攻击、拦截地面和空中目标。此外，还有战斗无人机、电子对抗无人机等。

未来的无人机

　　随着高科技在无人机领域的广泛应用，无人机也将有新的突破。它的机体开始小型、微型化，美军研制出了一种长度和翼展都不超过15厘米的微型无人机。现在的无人机呈现机身隐身化、传感器综合化、数传方式多样化、机载设备模块化等趋势。

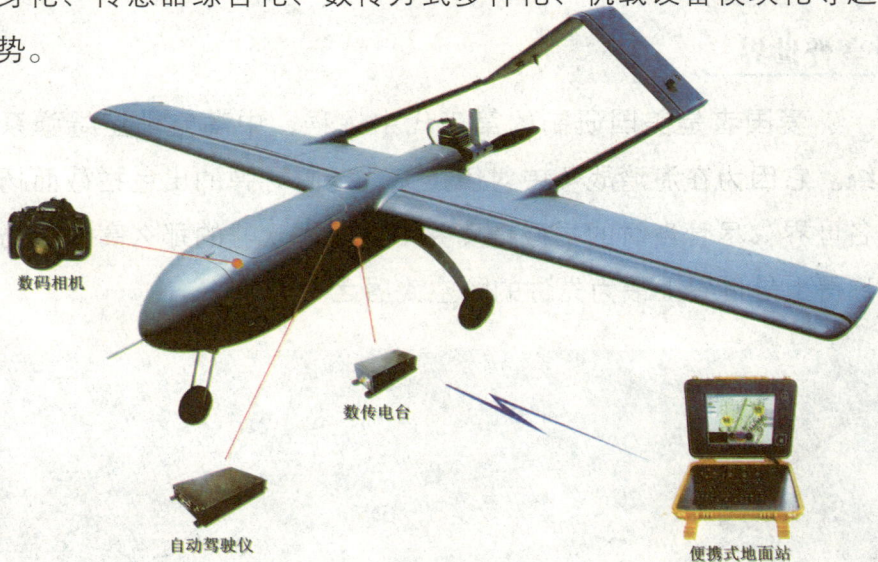

数码相机

数传电台

自动驾驶仪

便携式地面站

小黄蜂威力大

　　以色列正在研制的采用纳米技术的一种微型无人机叫"超级大黄蜂"，它的体型大小如黄蜂一般，但是它不仅能执行战场侦察任务，自带的弹药还能瞬间摧毁敌方小型目标，故有"小型火箭弹"之称。

爱国者导弹——导弹防御盾牌

现代战争中，两国开战，往往是导弹先行。如何能让这些导弹在击中目标前就失效呢？"以弹击弹"或许是个不错的办法。美国研制的爱国者地空导弹就是这样一面导弹防御盾牌。

享誉世界

爱国者是美国研制的第三代中远程、中高空地空导弹系统。它因为在海湾战争中对伊拉克飞毛腿导弹的出色拦截而扬名世界。尽管当时的拦截精度并不像美军吹嘘的那么高，但仍称得上是世界上最为先进的防空武器之一。

性能优异

爱国者导弹全套系统被安装在4辆制式卡车和拖车上。导弹的最大飞行速度能达到6倍音速，平均速度也有3.7倍音速。它对飞机作战时的最大有效射程为80千米，对战术弹道导弹作战则为40千米，最小射程为3千米，最大射高为24千米，最小射高为60米。

反应迅速

爱国者导弹系统的武器设备系统少，机动性能好。它只用一部相控阵雷达就能完成目标的搜索、探测、跟踪识别以及导弹追踪、制导和反电子干扰等多项任务，这样大大减少了地面需要配置的设备和人员，因此它的反应时间只需要15秒。

作战能力强

　　爱国者导弹可以全天候作战，打击目标种类多，包括飞机、导弹等，而且可以同时对100个目标进行搜索和监视，并制导8枚导弹拦截不同方向和高度的目标，可以应对大面积的饱和式攻击。爱国者导弹的杀伤率极高，对飞机的命中率达到90%，在海湾战争中对战术导弹的命中率为75%～80%。

奇·思·妙·想

　　还记得前面提到过的9艘尼米兹级航空母舰的名字吗？其中大部分的名字都与美国总统的名字有关系。找找看，你能发现几艘航空母舰的名字是以美国总统的名字命名的呢？然后简单介绍一下这些总统吧。

和平卫士导弹——死神出鞘

早在20世纪70年代，美国就开始部署和平卫士导弹，但是迄今为止却一次也没使用过。因为它不战则已，一战便是死神出鞘。它究竟有多大的威力呢？

同归于尽

为什么说和平卫士导弹是死神出鞘呢？原来一枚和平卫士导弹可以携带10个核弹头，这些核弹头爆炸的威力相当于"二战"时广岛核弹的25倍。美国部署这种导弹就是为了防止那些企图对美国进行核攻击的国家，一旦敌人使用核攻击，那么美国将用和平卫士导弹对其进行同归于尽的报复式攻击。

精准的攻击

和平卫士导弹是一种地地洲际弹道导弹，采用四级推进发射方式，导引系统为惯性弹头。和平使者洲际弹道导弹可说是现今最精确有效的弹头，它的命中误差值在100米以内。它被认为有足够的能力摧毁任何强化工事目标。

英雄无用武之地

和平卫士导弹未上过战场就于2005年全部退役了。这是因为它的运营和保养成本比较高，而且根据目前的国际形势，也不需要这样大规模杀伤力的导弹。我们也希望这样的武器最好永远都不要用。

鹰击系列导弹——中国的反航母尖兵

航空母舰是现代战争中的巨无霸,若是有国家用航空母舰来侵犯我国主权,我们也不怕,因为我们有专门对付航母的利器——鹰击系列导弹。

鹰击–6系列

在鹰击系列这个大家庭里,鹰击–6系列服役最早,个头最大,射程也相对同期其他型号更远。其中以鹰击–62反舰巡航导弹为代表,这种导弹射程远、命中精度高、突防能力强、毁伤威力大、使用灵活、生存能力强,主要用于杀伤敌方航空母舰、大型两栖攻击舰、巡洋舰等排水量在万吨以上的水面舰艇。

鹰击-8系列

鹰击-8系列与享誉全球的法国研制的飞鱼反舰导弹外形相似，但性能却更胜一筹。其中鹰击-82雷达反射面积小，抗干扰性极强，敌舰很难拦截，而且它的命中率高达90%，一枚鹰击-82就可以使一艘3000吨级驱逐舰报废。

鹰击-9系列

宙斯盾是美国海军最重要的水面舰艇作战系统，被认为可以有效抵御四面八方的导弹攻击，是美国海军舰队的坚固盾牌。而它却偏偏遇上了克星，那就是我们的鹰击-91。鹰击-91以平均2.3倍音速用2分钟即可命中90千米外的目标；而且它的射程可到120千米，能在对方防空圈外安全发射。

鹰击－12系列

　　鹰击－12系列运用了中国最先进的激光技术成果，解决了抗干扰性问题，即使在脉冲炸弹的干扰下，鹰击－12的激光抗干扰系统仍然可以保证导弹射程100千米不超过1.5米的误差。它的战斗部为800千克的超高爆炸药，一枚这样的导弹足以让一艘9万吨的航母遭受灭顶之灾。

B－2轰炸机——空中隐形堡垒

　　B－2轰炸机被认为是美国空军的骄傲，它集美国各种高精尖技术于一体，而且还被行家们称为"20世纪军用航空器发展史上的一个里程碑"。B－2轰炸机究竟有什么本事享有这么高的美誉呢？

隐形"杀手"

　　所谓隐形飞机，就是能逃过雷达的扫射。B－52轰炸机的雷达反射面为100平方米，米格－29为25平方米，而B－2只有不到0.1平方米。也就是说，B－2轰炸机飞过，仅仅相当于天空中一只飞鸟的雷达反射面，一般雷达很难发现。B－2轰炸机有这么优秀的隐身性能，主要得益于它科学而奇特的外形。

全球必达

B-2轰炸机上装有4台发动机。飞机在空中不加油的情况下，作战航程可达12231千米，空中加油一次则可达18530千米。每次执行任务的空中飞行时间一般不少于10小时，难怪美国空军称它具有"全球到达"的功能呢。

强大的武力

作为轰炸机，B-2的攻击能力自然也不容小视。海湾战争中，美军的"攻击特遣队"通常由16架攻击机、16架战斗机、4架伴随电子干扰机、8架对地攻击机和7架加油机编成。如果换用B-2轰炸机，从印度洋上的迪戈加西亚基地起飞，无需空中加油，仅要2架飞机、4名机组人员即可。

F－22猛禽战斗机——王者之翼

　　F－22猛禽战斗机和前面介绍的B－2轰炸机，一起被认为是美国空军强大威慑力的象征。作为世界上第一种也是目前唯一一种投产的第四代超音速战斗机，它的先进性究竟在哪儿呢？

F－22的S4

　　F－22猛禽战斗机是美国在21世纪初期的主力重型战斗机，它的作战能力是现役F－15的2～4倍。作为美军空战的顶级战斗机，F－22可不是浪得虚名的，它具备"超音速巡航、超机动性、隐身、可维护性"的优点，即所谓S4，而S4也成为第四代超音速战斗机的划代标准。

超音速巡航能力

　　所谓超音速巡航能力，实际上是指飞机通过先进的气动设计，无需加力而以较高的超音速巡航飞行的能力。在拦截攻击中，超音速巡航能力将大大提高F－22的接敌平均速度，而且能在对手进入武器射程之前就对其实施攻击。如果对方要想追击，以F－22的超音速巡航能力，绝对能将对方远远甩开。

超机动性

　　F－22战斗机具有非常高的机动性。以爬升能力为例，传统的战斗机快速爬升时会先以亚音速爬升到1万1千米后，然后再加速到超音速进行爬升。对F－22而

言，它可以直接从跑道上拉起加速，转入超音速爬升。

可维护性

  F－22战斗机虽然是"天之骄子"，但却一点也不娇气，它具有良好的可靠性和维修性。F－22每次出动前只需要加注燃油和加挂武器，不需要大费周折做全身保障；它的发动机具有良好的维修性，更换一台发动机最多只需90秒；机上电子设备模块化，无需中间级维修。这样的F－22战斗机是不是很省心呢？

快·问·快·答

好久没有进行紧张的"快问快答"了，你是不是摩拳擦掌，跃跃欲试呢？那么让我们马上开始吧！

1. 世界上排名前三位的导弹巡航舰分别是什么？

————————————————————

2. 侦察卫星又称为什么？

————————————————————

3. 英国研制的鹞式攻击机有几个系列？

————————————————————

4. 第一代巡航导弹是什么时候研制的？

————————————————————

5. 激光制导炸弹与其他精确制导弹药相比，最明显的优势是什么？

————————————————————

6. 光学瞄准镜装在头盔枪的什么地方？

————————————————————

7. 尼米兹级航空母舰上有几种不同用途的舰载飞机？

————————————————————

8. 尼米兹级航空母舰总共建造了几艘？

————————————————————

9. 以色列采用纳米技术在研制的一种微型无人机叫作什么？

————————————————————

10. 爱国者导弹全套系统被安装在几辆制式卡车和拖车上呢？

_____

11. 爱国者导弹的最大飞行速度能达到几倍音速？

_____

12. 一枚和平卫士导弹上携带的10个核弹头，爆炸的威力相当于"二战"时广岛核弹的多少倍？

_____

13. 在鹰击系列这个大家庭里，哪个系列服役最早？

_____

14. B – 2轰炸机的雷达反射面是多大？

_____

15. F – 22猛禽战斗机的S4是指哪四个方面的优点？

_____

声波武器——死亡之声

我们日常生活中会听到各种各样的声音，实在是太普通不过了。但是它作为一种空气波，在聚集后就可以成为攻击武器，它就是未来战场上的超级"无声杀手"——声波武器。

次声波武器

次声波武器可分为两类。一类是神经型次声波武器，会强烈刺激人的大脑，使人神经错乱。另一类是内脏器官型次声波武器，会使人的五脏六腑剧痛无比，甚至导致人体异常，直至死亡。

强声波武器

强声波武器能发出足以威慑来犯者或使来犯者失去行动能力的强声波，而不会对人体造成长期的危害。它主要用于保护军事基地等重要设施。当有人靠近时，这种声学武器首先发出声音警告来人。如果来人置之不理还继续逼近，这种声学武器就会使他们丧失行动能力。

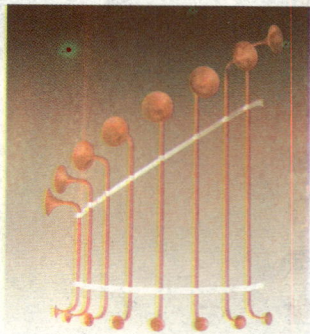

超声波武器

　　超声波武器通过高频声波，造成强大的空气压力，使人产生视觉模糊、恶心等生理反应，从而使人员战斗力减弱或完全丧失作战能力。这种武器甚至能使门窗玻璃破碎呢。

噪声波武器

　　噪声波武器也可以分为两种：一种是专门用来对准敌方指挥部的定向噪声波武器，它利用小型爆炸产生的噪声波来麻痹敌指挥人员的听觉和中枢神经；另一种是噪声波炸弹，它同样可以麻痹人的听觉和中枢神经，使人昏迷，主要用于对付劫机等恐怖分子活动。

激光武器——死亡之光

声音可以作为武器，那无处不在的光是不是也可以呢？在科幻小说中，常有"魔光"、"死光"之说。当激光出现后，这些幻想变成了现实，激光武器就是"死亡之光"。

快、准、狠

激光作为武器，有很多独特的优点。首先，它可以用光速飞行，任何武器都没有这样高的速度。它一旦瞄准，几乎不要什么时间就能立刻击中目标。另外，它可以在极小的面积上、在极短的时间里集中超过核武器100万倍的能量，造成目标毁灭性的破坏，但又不会像核武器那样惊天动地。

有待改进的武器

激光武器虽然很厉害，但它也是有缺点的。它遇到大雾、大雪、大雨这样的天气就不能发挥作用，而且激光非常耗能，需要复杂庞大的供电机构，所以暂时不能大量投入使用。如果科学家们把这些缺点给解决了，那激光武器真是未来战场上的一把利器啊。

不同类型

激光武器分为三类：一是致盲型；二是近距离战术型，1978年美国进行的用激光打陶式反坦克导弹的试验，用的就是这类武器；三是远距离战略型，不过它的研制困难最大，但一旦成功，作用也最大，它可以反卫星、反洲际弹道导弹，成为最先进的防御武器。

军用机器人——未来的超级战士

提到机器人战士，你是不是会想到动画片里的场景呢？其实，科学家们早已将动画片里的形象变成了现实，不少国家都拥有自己的军用机器人。我们快来认识一下它们吧！

哪里危险哪里去

目前，军用机器人主要执行的任务有：直接执行战斗任务，如阿尔威反坦克机器人，当它发现目标时，它能自行机动或由远处遥控人员指挥进行导弹发射；进行侦察和观察，如三防侦察机器人，可对核污染、化学和生物污染进行探测、识别、标绘和取样。除此之外，还可进行工程保障、后勤保障等。

不同兵种的机器人战士

军用机器人根据它们的用途不同，分为不同类型：地面机器人，主要是指智能或遥控的轮式和履带式车辆；空中机器人，也就是前面介绍过的无人机；水下机器人，主要是指无人潜水器；空间机器人，可在行星的大气环境中导航及飞行。

机器人军团

机器人的使用成本是士兵的10%，而且可使士兵伤亡率下降60%～80%。所以现在一些国家正在组建机器人部队。一些军队的机器人已开始执行侦察和监视任务，替代士兵站岗放哨、排雷除爆。军用机器人替人类厮杀疆场的场景，将有可能在未来10年内变成现实。

黑客技术——悄无声息的网络战士

随着科学技术的发展，越来越多的军事指令、武器操控等都依赖于电脑和网络。如果能够通过网络侵入敌方的电脑，修改军事指令或是武器发射轨道，那必定会让对方不战而败。为了达到这个目的，黑客出现了！

黑客的正邪之分

黑客原指热心于计算机技术，水平高超的电脑专家，尤其是程序设计人员，不过现在还包括那些专门利用电脑网络搞破坏或恶作剧的家伙。前者我们称为正派黑客，后者为反派黑客。正派黑客会找出网络漏洞，维护网络安全，而反派黑客则会利用网络漏洞，侵入对方网络，使系统崩溃或是释放电脑病毒。

不见硝烟的战争

一间密室，几台电脑，黑客轻击键盘发出指令。瞬间，城市断电，陷入一片混乱；空中指挥系统失控，战机无法起飞作战；军用卫星、互联网、广播电视等通讯系统严重阻塞……这种场景目前虽然还未出现在现实生活中，但是却也让我们看到了未来网络战带来的破坏力。

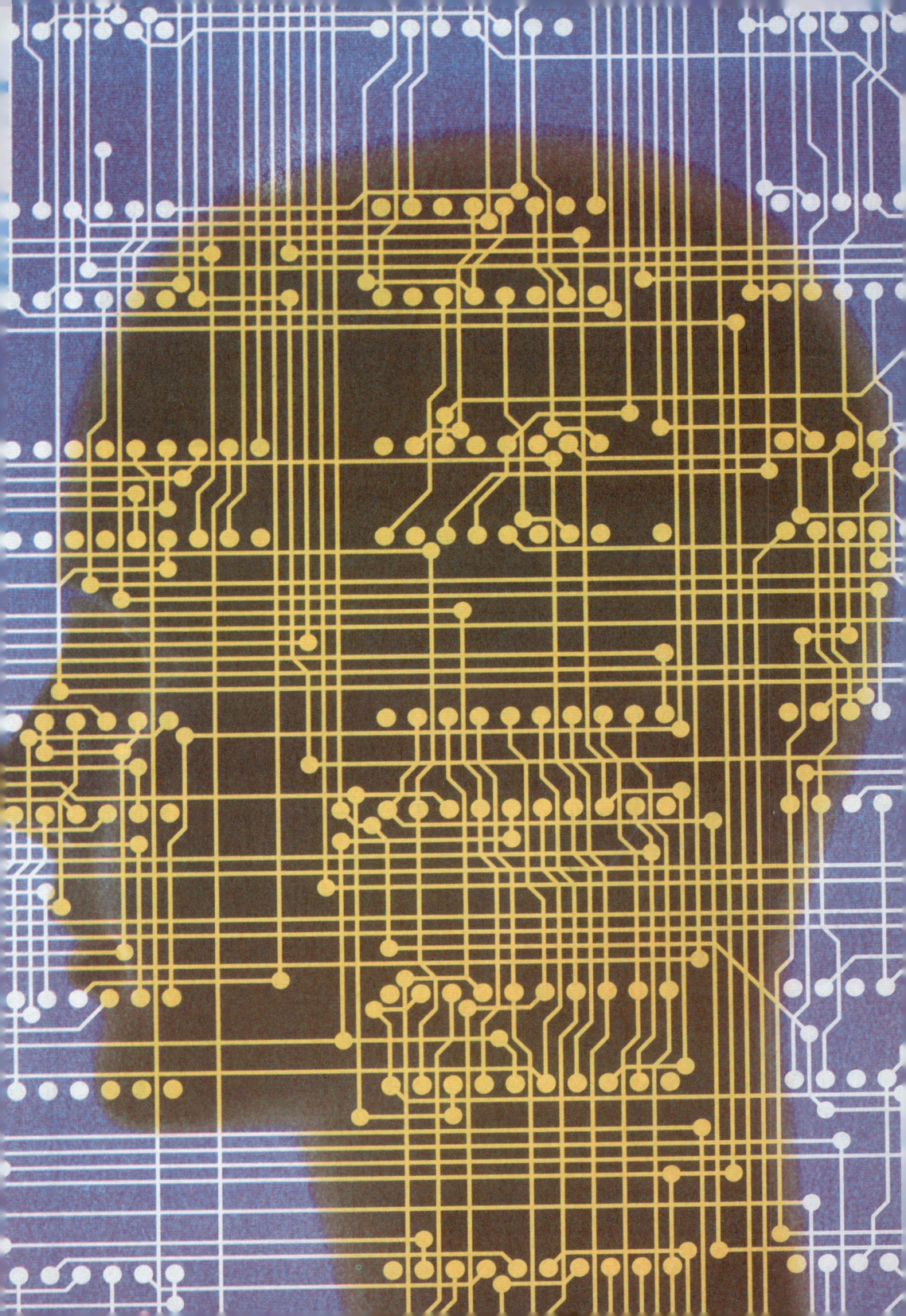

美国的黑客部队

美国国防部拥有一支不会打枪却能决胜千里的特种部队，就是它们的黑客部队，正式名称是"网络战职能组成司令部"。在和平时期，黑客部队的任务是保护美国信息网络系统的安全，防止敌国黑客对其实施渗透、攻击。一旦爆发战争，他们将担负渗透、监控、摧毁敌方网络系统以及窃取情报的任务。

黑客的武器

黑客们侵入敌方计算机网络时，总会留下一些隐蔽的武器，如计算机病毒，它可随时破坏敌方一切有计算机装置的武器系统，使其全面瘫痪；还有逻辑炸弹，它隐藏在敌人计算机控制系统中心，一旦时机成熟，犹如定时炸弹一样突然爆炸，感染正常程序，并迅速扩散，使控制系统失灵。

XM-25单兵空爆武器系统
——最先进的单兵武器

现代反恐战争中，美军最难对付的敌人是躲藏在障碍物后的武装分子，美军现有轻武器很难直接杀伤他们，调用重装备又费时费力。XM-25之所以被称为"革命性"的步兵武器，是由于它采用的智能弹药能在敌人头顶上爆炸，最大限度杀伤躲在战壕里的敌人，不留死角。

形象描述

这是一支半自动榴弹炮，使用25x40毫米的智慧型榴弹，可以设定延迟引爆，还有距离设置，上面装有微型火控电脑，整个瞄准系统整合了热显像、弹道计算机、数位罗盘、雷射测距仪，可以说是目前最先进的单兵武器。

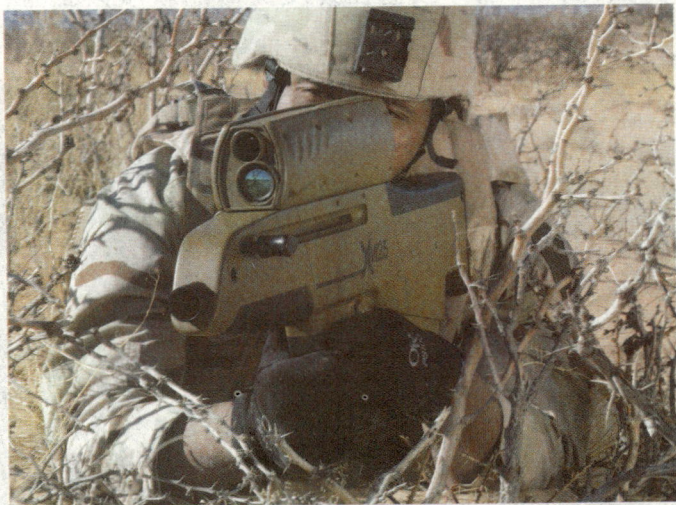

结构拆分

除独特智能优势外，XM-25作为单兵携带武器，射程达690米，超过大部分步枪有效射程，足以压制普通武装分子。它的威力相当于迫击炮，准备时间却只需要不到10秒的时间，相比之下迫击炮需要至少10分钟。

应用于战场

美国陆军将从陆续采购1.25万具XM-25，足以装备到每个步兵班和特种部队小组。XM-25造价不菲，每具大约3.5万美元，每发榴弹25美元，虽然远贵于目前几百美元的M-16步枪，但和其他重武器比起来，性价比仍然很高。据报道，除了美国外，韩国等国也在开发类似的新步兵武器，未来战场可能会出现越来越多的智能单兵武器。

MQ9 捕食者无人侦察机
——最厉害的 "捕食者"

"捕食者"无人机是美军首次装备实用型合成孔径雷达的无人侦察机。美国军方于 1994年1月7日开始研制，至1996年仍处于试验阶段，目前少量装备美军。

作战使用简介

MQ9捕食者无人侦察机，是美军目前一种重要的远程中高度监视侦察系统。目前该机已增加了使用精确制导武器攻击地面或空中目标的能力，并已经发展出了具备一定隐身能力的C型，研发已经超过10年，直至最近，主要用于情报和侦察，具有长时程、高海拔监视的设计。

性能特点

MQ9捕食者侦察机，翼展长达84英尺，起飞重量为7000磅，续航时间36小时。无人机爬升到52000英尺上空，可读取来自两英里远的车牌，能够携带500磅炸弹。

识别特征

①机头为椭圆形，上部肥大，下部略小，至中部，机身尺寸才稳定。机体后部上方有发动机进气孔。机身前下方有突出的仪器舱。

②机翼窄而长，安装在机身中部，平尾为矩形，有大角度下反角，垂尾位于机身下方和两平尾之间，螺旋桨位于机身后部。

奇·思·妙·想

　　武器是为战争服务的，但我们谁都不希望战争，而是期盼世界和平。好好想一想，战争会给我们带来了什么样的可怕后果呢，把这些后果写在下面的横线上吧。

图书在版编目(CIP)数据

探索兵器时代/袁毅主编. —武汉:武汉大学出版社,2013.3(2015.4 重印)
(中国青少年科学馆丛书:彩图版)
ISBN 978 – 7 – 307 – 10595 – 9

Ⅰ. 探… Ⅱ. 袁… Ⅲ. ①武器 – 青年读物 ②武器 – 少年读物 Ⅳ. E92 – 49

中国版本图书馆 CIP 数据核字(2013)第 056321 号

责任编辑:刘延姣　　　责任校对:宋静静　　　版式设计:王　珂

出版发行:**武汉大学出版社**　 (430072　武昌　珞珈山)
　　　　　(电子邮件:cbs22@ whu. edu. cn 网址:www. wdp. whu. edu. cn)
印刷:三河市燕春印务有限公司
开本:710 × 1000　1/16　　　印张:10　　　字数:60 千字
版次:2013 年 3 月第 1 版　　 2015 年 4 月第 2 次印刷
ISBN 978 – 7 – 307 – 10595 – 9　定价:29. 80 元